# 老屋变新家

SH 美化家庭编辑部　编

中国电力出版社
CHINA ELECTRIC POWER PRESS

**编者序**
**Preface**

史上最令人惊奇的 Before&After 之前之后大改造

# 留在有温度的老地方，展开全新人生的一页

你知道吗？老屋的比例越来越高，据台北市政府统计，台北市领有使用执照的建筑物共94701 栋，屋龄达到 30 年以上的建筑物共 64941 栋，占 68.6％，比例近七成。或许你家就是一栋标准的老屋，当然，你可以等待拆迁、出租或卖给别人，但是，你买得起现今价格飙涨的新房吗？

越来越多人选择留在老地方，投入和买房比起来少得多的装修费，将老屋改造成梦想中的新家。而当你选择好好改造旧家，或是买下一栋有年纪的老屋时，就必须正视老屋可能存在的问题与解决的方式。

台湾的老屋多经历过大地震的侵袭，必须留意房屋结构、墙面、地面、天花板是否因此受损、产生裂缝，或因老化、使用不当，而有裂纹、脱落、起砂、发霉、渗水等现象，并在旧屋翻新过程中，进行基层补强、防水、修饰，否则之后进行的老屋翻新粉刷、装饰等装修工程，容易产生不均匀、起泡、发霉等问题。

老屋装修前，你应该知道的事：

1. 只要是 20 年以上的住宅，**水电管线最好全部换新**，加上一些不能避免的基础工程，所以老屋的装修费用一般会高于新屋三成以上，消费者应该要有认知。

2. 老屋的墙壁和天花板因为经年累月风吹雨淋，就算不是位于特别潮湿的位置，也常见壁癌的发生，应该**彻底做好壁癌的处理**，才能让你装修好的美丽居家环境维持长久。强化老屋结构，彻底改善陈旧带来的问题，老屋一样可以漂漂亮亮再住 30 年！

3. 老屋通常隔间较多，60 多平方米的房子也隔成三房两厅，乍看之下可以活用的空间似

乎很多，但事实上隔断过多容易造成空间狭窄及阴暗的问题，在房间数够用的前提下，其实可以考虑适度**拆掉一些隔间或非承重墙，让居家环境更宽敞、更明亮。**

　　4. 老屋因为结构和新房不太相同，拆墙时不能随便拆，**以免动到起支撑作用的梁柱**，动工前请和设计师仔细讨论。

　　5. 在装修规划之初，就要先仔细思考自己针对老屋最想要改善的部分，像是希望增加收纳空间、改善通风采光、风格倾向等，并**明确地与设计师沟通需求**，才能真正设计出最舒适且符合自己与家人期待的新房。

　　本书绝对专业的信息内容包括：
　　1. 集结市场上**对老屋装修最有独到见解的设计师团队**，为读者提供贴心实用的建议与范例，不但要把你家改造得漂亮，更要让你住得安心舒适。

　　2. 最深入的案例分析，Before、After 之外，独创 ING 施工规划图，并提供施工过程图解，清晰明了，不但让读者看到改造前与改造后的变化，更能让你从过程中得到学习，像是亲身经历一场老屋改造设计规划一样积累丰富的经验，并将其得心应手地运用到自家房屋改造过程中！

　　3. **你不懂的，由我们再教你一遍！**书中随处可见的"老屋装修小知识"就是为了让你轻松学会装修知识而设置，我们谈到哪里教到哪里。

　　4. **花点巧思，老物变新件**，不仅节省预算，保留老屋极富风情的历史痕迹与艺术价值——旧窗花、地砖、匾额、楼梯扶手，更融入新装潢，创造新样貌。

# 目录
# Contents

# Chapter

# 1

# 你要面对的
# 老屋装修问题

# ① 如何观察老屋的防震结构

想知道如何观察老屋的防震结构，首先必须从台湾住宅的演进谈起。大约从 20 世纪 70 年代至 80 年代开始，为了适应人口的增加，此时建造的房屋以连栋的骑楼公寓、三至四层楼高的街屋，还有眷村常见的独栋住宅为主。但是随着时代演进，这些饱受风吹、日晒、雨淋摧残的建筑，不只外观老旧，功能上也破损不已，如外墙的混凝土及砖墙防水层已经渐渐失去其效能；同时，建筑物内部的格局也不再适合人们居住使用，例如，街屋的最大特征之一，就是狭长型的空间，容易造成室内通风、采光不良的困扰。

台湾日据时期的街屋建筑

室内的问题委托给专业的室内设计师，这些恼人的问题大多能被妥善地解决。但像老屋这种经过外在环境长时间的影响下，建筑本体结构会产生各种问题——尤其台湾地处菲律宾海板块与欧亚板块交接处，地震频繁，购屋时应当注重防震结构以及原结构是否损伤，以确保生命和财产安全。

## ⚡ 早期的独立基础形式

现代建筑多以大众熟知的钢筋和混凝土为主，结构上相对比较稳健、抗震。但是因为以前建筑技术及材料不像现在这么发达和多元，建造的技术观念及法律的规范也有差异，因此台湾早期的街屋、公寓的基础结构大都是"独立基础形式"用地梁连续串连的方式建构。也因为住宅里的所有柱子都是直接延伸至基础，当地震来临时，彼此易产生不均匀的震动，房子会像海上的船一样较均匀地摇摆晃动，以降低房屋倒塌的几率。

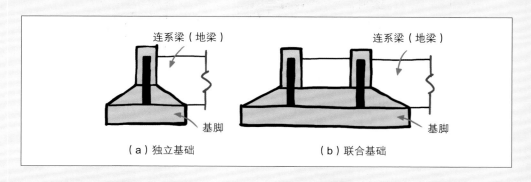

连系梁（地梁）　　　连系梁（地梁）

基脚　　　基脚

（a）独立基础　　　（b）联合基础

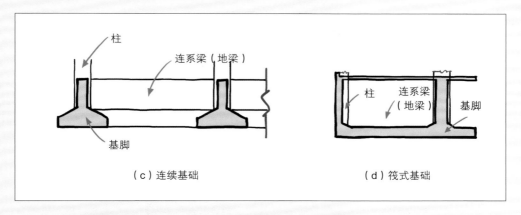

**【参考图片】**独立基脚（也可以称为独立基础）与筏式基础的剖面示意图

## ⚡ 土壤的反作用力支撑失效

　　随着老屋使用时间的增加，除了原本的结构和自身重量外，还有许多违建及附属的家具重量不断增加，造成建筑物的载重负荷过大，更加压缩了支撑建筑物的大地土壤，在长期过重负载下，土壤渐渐丧失支撑的能力，加上地震和其他的外力影响以及不均匀的基础载重，有时老屋附近的邻房改建，会造成大地土壤的剧烈扰动或土壤流失，易导致房屋倾斜、梁柱出现裂痕、瓷砖爆裂、门窗框闭合不全等，这都是早期可观察到的房屋安全讯号。

## ⚡ 倾斜、有裂痕的老屋，应该这样挑

　　想知道自己看上眼的老屋有没有上述这些问题，看房时可以携带像弹珠一样的圆形物体。如果平放地板时，弹珠不停往某个方向滑动，代表住宅本身已经倾斜，有安全上的隐患。如果你没办法请建筑的结构设计师重新评估，最好不要贸然购买。

　　如果手边没有弹珠，可以试着开关住宅的门与窗。在正常的情况下，门窗应该可以顺利滑动关闭。但是当房屋倾斜时，结构产生变形，会压缩到门、窗的活动空间，发生推动时卡住（或感觉滑动受阻）的情形。当然，还有一种状况是，看房时并没有发生房屋倾斜和门窗卡住的情况，直到搬进去数年后才发现这些问题，这样的房屋也不建议居住，最好能尽早搬离。

　　墙面产生裂缝，也是老屋常见的困扰之一。虽然造成墙壁龟裂的原因很多，例如粉刷层的剥落，并非住宅结构引起的问题，不过只要裂缝厚度可以塞入一元硬币，则代表墙壁裂痕产生的原因，可能与建筑结构有关的原因几率较高。尤其如果裂缝出现在"梁"与"柱"这两个支撑建筑的构件上时，就算裂缝不大，建筑安全仍然令人堪忧。

# ❷ 顶楼加盖：建筑法规须知

很多人看房时，特别喜欢顶楼加盖的房屋，原因不外乎是"可以用同样的价钱，得到更大的室内面积"。但是，站在建筑师和室内设计师的角度，顶楼加盖不见得是最优方案，有时候甚至会成为影响居家质量的主因。

## ⚡ 既存违建＝就地合法？才没有这回事！

台北市从 1995 年开始即规定既有违建一律"即报即拆"，新北市则是从 2004 年开始。对许多顶楼加盖的住户来说，乍听之下像是喜讯，以为 2004 年以前顶楼违建已经"就地合法"，其实并不正确，目前是"缓拆"的情形。只要是有将原有违建做翻修或增建的情形，或者当作厨房用途并遭到检举，还是必须依法拆除。

另外，房屋难免因为年久失修，产生各式各样的问题。尤其老屋顶楼的防水层经过日晒和雨淋，年久失修最容易发生漏水和壁癌。这时候就会有另外的问题出现：不论是台北市或新北市政府，颁布"缓拆"命令时都有航拍照可做对照。也就是说，当住户想要整修顶楼时，一旦被发现与航拍图不符，一样可能面临被拆除的命运。不过为了给大众方便，政府机关允许因防水或漏水问题及其他特殊原因，民众可在顶楼加盖的屋顶上另外盖一层遮蔽物，但条件规定相当严格，以防民众继续往上加盖，目的是为了避免影响整栋大楼的和承重结构，危及全部住户的生命财产安全。

## ⚡ 公安问题：公共危险罪

从建筑的角度来看，"顶楼"属于公共空间，就像小区里的花园或一楼庭院一样，是每一位住户都可以使用的区域。但顶楼最特殊的地方在于，发生任何灾难时，例如火灾或地震，若情况允许的话，通常会建议大家往高处避难。但是很多在顶楼加盖的人，习惯将加盖的部分视为个人居家空间的一部分，当然并不希望、也不喜欢让陌生人随意进出，往往将通往顶楼的门锁起来，或是直接换新的大门。一旦灾难发生时，别人因为无法逃往顶楼避难而丧生的话，住在顶楼加盖的住户难辞其咎，甚至会背上"公共危险罪"的罪名，因此选购顶楼加盖的房屋时，务必谨慎思量。

## ⚡ 轻松判别加盖：调阅使用执照原图

有些房主将自家的顶楼加盖装修得美轮美奂，实在很难让一般民众一眼就看出是否为顶楼加盖。看房时如果有这样的疑虑，可以请前任房主或中介向建筑主管机关申请"使用执照原图"，两者对比之下，就可以明显判别是否为加盖，让我们选购房屋时多一份资料供参考，不至于事后才发现自己变成买家眼中的冤大头。

# ❸ 原来我们都错了：阳台外推有风险

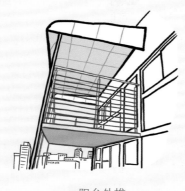

阳台外推

前述提过，台湾早期的房屋多是为了应对人口增加的问题而建设，因此室内面积往往介于 60~100 平方米，厅房数量也以 2~3 房为主。再加上老屋的公摊比例明显偏低，价格也比新屋来得便宜，是许多人购房的首选。但是 60~100 平方米的空间说大不大，说小不小，对许多四人以上的家庭来说，甚至可能还不够住。可以增加室内面积，又不用花太多钱——这就是造成今天多数住宅喜欢"阳台外推"的主要原因。

## ⚡ 建筑安全的考虑：大楼与砖墙的承载力

一栋大楼在规划时，其前置作业不仅烦琐，还要进行专业、严谨的结构计算，这是为了整体建筑结构稳定及承载的安全，否则可能发生坍塌或其他悲剧。我们可以想象，一栋大楼只有一位住户阳台外推，或许还在建筑本身可以接受的承重范围内。但是当全部住户都把阳台外推时，无疑增加了建筑的总重量和地基的压力，这与当初结构设计师在设计时的计算完全不符，当然更难保证建筑整体的结构安全。

其次，外推的阳台往往下方没有其他可以分担重量的支撑结构，也就是说，通常只能靠阳台与室内接合的楼板或悬臂梁来支撑。若长久如此，很可能导致阳台断裂或下沉，事关人身安全，不能疏忽怠慢。

## ⚡ 影响消防安全及一氧化碳中毒的阳台外推

一般人只知道外推的阳台会增加大楼结构负担，却没想到竟然会造成消防安全上的隐患。或许是多数人常抱着侥幸的心态，觉得不好的事情不会刚好这么"衰"让自己碰上。实际上，很多时候各种悲剧的发生，实在容不得我们遇上那一千零一次。

一栋经过法规检查的大楼，一定会在楼层间（垂直方向）规划防火区域，也就是钢筋混凝土楼板，其目的是为了避免室内发生火灾时，火势随着可燃烧的物体向上蔓延。但是，看看我们通常会在阳台处放些什么：窗帘、窗户、窗框、盆栽，或是其他靠近阳台处的木制家具，这些都难以抵挡高温火舌的威力，火势理所当然会蔓延到外推的阳台处。此时，如果起火的住家还有楼上的住户都有阳台外推，再加上阳台并没有防火层或安全距离作为保护，火势会顺

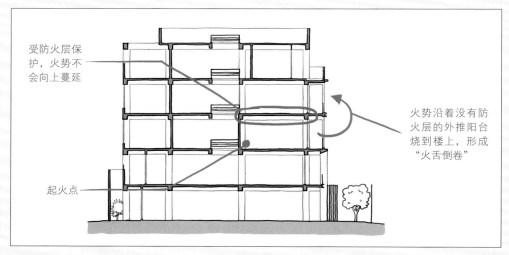

受防火层保护，火势不会向上蔓延

火势沿着没有防火层的外推阳台烧到楼上，形成"火舌倒卷"

起火点

阳台外推示意图，说明火舌倒卷的形成原因

着楼上住户阳台处的可燃物品而往上蔓延燃烧，形成俗称的"火舌倒卷"，此时后悔也来不及。

另外，台湾每逢秋冬便时常耳闻的一氧化碳中毒新闻，很多时候也与外推阳台脱不了关系，事故原因为民众将后阳台外推后，为了不让雨水打进室内，只好将原本有对外窗、空气流通顺畅的后阳台封死，并且把架设于外的热水器移进室内，却忽略了重设燃气管线的重要性，导致在家洗热水澡的时候，因热水器燃烧不完全，产生过多的一氧化碳而飘进室内，居民不小心吸进过多一氧化碳而中毒身亡。

### ⚡ 阳台外推的因应之道

不论是建筑师还是室内设计师，基于安全考虑，都会告诉我们阳台外推是万万不可行的方法。自己看房时，如果不知道对象是否有阳台外推的情形，可以调阅建筑的结构图或使用建造图，两者比较之下，就能清楚判别。至于阳台外推的后续处理方法，建议屋主最好能将阳台恢复成原来的样子，才能避免各种不必要的麻烦与安全问题。

## ❹ 老屋、新屋，格局大不同

多数人添购二手房时，若手头仍有富余，当然会另外聘请设计师为之改头换面。但更多人不知道的是，台湾早期房屋的室内格局其实与建筑改革息息相关。对于无力重新装修的屋主来说，如果能知道老屋与新屋的格局哪里不一样，动手DIY的时候，就能更准确地对症下药，改造居家事半功倍！

## ⚡ 狭长街屋，首治暗房

出于商业和住宅使用的考虑，台湾早期的街屋多沿马路而建。而且因为户与户间几乎是比邻而居，仅隔着一道墙，因此只有住宅前、后可以开设对外窗。

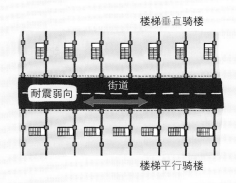

典型街屋住宅平面图

街屋的开窗处多位于主卧或客厅及厨房，一方面是大家都习惯将景观、采光和通风最好的空间留着当主卧，另一方面是我们常常在厨房煎、煮、炒、炸，需要良好的通风。但是碍于大多数街屋建筑设计及基地形状都十分狭长，只有一前一后的两道窗并不足以引光入室，所以"暗房"是改造街屋的首要任务。

不论是沿用街屋旧有的格局，还是想要分割空间、另外打造一个独立房间，都势必面临采光不足的问题。既然街屋的暗房原因来自建筑本身，当然不可能在隔间墙上另辟对外窗。因此，多数室内设计师只能利用诸如玻璃砖、百叶窗、木框窗等兼具透光及遮蔽隐私作用的材质，或是在房间的壁面上方开个小框，做成"高窗"，以达到透光的目的。当然，有一种特殊情况是整栋街屋的所有权都属同一个人，多数时候是众多亲戚住在一起，就可以考虑"天井"的方法。

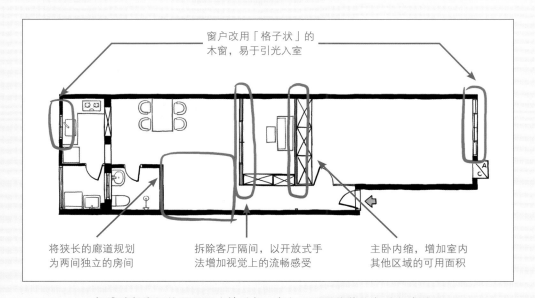

将狭长的廊道规划为两间独立的房间

拆除客厅隔间，以开放式手法增加视觉上的流畅感受

主卧内缩，增加室内其他区域的可用面积

窗户改用「格子状」的木窗，易于引光入室

标准狭长街屋的平面图（前后各一窗），以及改装的应对方法说明

## ⚡ 另一种住宅形式的暗房危机：公寓

　　前述提过台湾早期的老旧住宅，只是为了让人有房可住，厅房规划大多为2~3房。一旦家中人口数较多，例如有两个小孩，或是想要和父母同住的话，就有变动格局、借此分割出另一个独立房间的必要。如果老屋本身的外在条件不错，例如边间，就有三面采光的优势，对设计师来说当然比较好发挥。不过多数老旧公寓的采光往往只有两面窗，此时还要另外创造一个独立空间，就有暗房的可能。

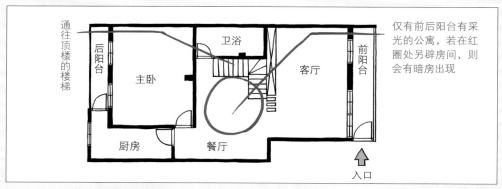

老旧公寓平面图，对外窗仅有前后阳台，若要另外隔出独立房间，要说明该空间的暗房原因

　　在这种情形下，坚持另砌隔间以切割出单一的独立空间，只会让这个新房间的采光和通风被前后左右的隔间阻挡。此时机动性或复合性较高的空间，是比较适合这种采光不良的公寓改造方法的。例如和室，朋友来访时只要关上推门，就能成为独立的客房；如果家中有幼龄的小朋友，铺着榻榻米的和室非常适合当作亲子互动的空间；就算是平日，还能充当个人书房或阅读间。在寸土寸金的现代，如何重复且多功能地运用空间，是最热门的室内设计课题。

考虑该公寓只有左右红框处为对外窗，本案即以和室的手法另辟单一空间供屋主使用

**❺ 总电量充足，确保居家安全**

自己是否曾遇到过这种状况：家里有其他人使用电器，例如妈妈在厨房打果汁，餐厅的灯光也跟着闪闪烁烁，好像家里下一刻马上就要跳电，感觉实在是够恐怖！这样的情形，是许多屋龄超过 30 年以上的老屋最常碰到的状况。归咎其原因，大多源于总电量不足及回路用电过载。

## ⚡ 电量不足的原因及危险

以前的人生活单纯，经济状况不像现在这么丰裕，科技也没那么发达，居家使用的电器相对简单，大概只有电视、洗衣机、冰箱等必备的电器。如今人们需要的家电越来越多，光是厨房家电就有微波炉、烤箱、果汁机、电磁炉、空调设备等，更不用说其他高科技的产品，老旧电线和电箱总容量根本无法负荷这么高的用电量。

当电线长期处于过多负载状态时，就会导致电线过热。久而久之，原本用来包覆电线的外层绝缘塑料皮便会脆化，甚至有烧熔的可能。运气好一点的话，不过就是家里比较容易跳电。对少部分人来说，或许觉得跳电没什么，反正不会烧起来就没关系，殊不知跳电的瞬间会让大量电力流入各式家电，电器根本无法承受频繁的电流冲击，很容易因此损坏；严重者甚至会造成电线走火，引发火灾。因此室内设计师面对老屋的配电问题，势必需要全面更换电线，或是替换直径较大的电线，或是根据屋主的使用习惯规划总电量，必要时向台湾电力公司申请变更用电总容量，将总电量加大，以确保生命财产安全。

## ⚡ 回路配电原则

### 高用电回路分开设置

前述造成"妈妈打果汁、家里照明闪闪烁烁"的例子，其原因也可能来自回路配电。由于厨房家电用电量通常较高，通常不建议与其他电器，像是照明的回路绑在一起。所以像空调、电热水器、电暖炉等高用电的家电，最好都能设计专用的独立回路的形式，避免生活上的使用不便与增加跳电的机会。另外，屋主可于装修完成和家电设置完成后，请专业水电技师调整及测试，家中整体用电回路的附载"三向平衡"，更能确保用电安全。

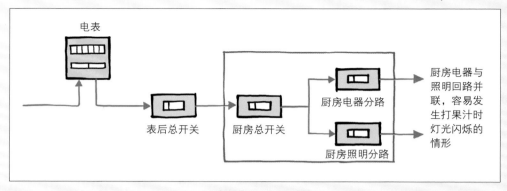

回路配电原则示意图

### 用水区域的独立回路

我们都知道手湿湿的时候要尽可能远离插头，原因是水会导电，造成触电的危险。再加上现代科技与配电观念的进步，可以针对浴室、厨房、阳台等容易有水或潮湿环境的地方特别配置漏电断路器，以减小环境潮湿感电的可能性，让居家生活更为安全。

### ⚡ 屋主的事前功课：列出使用清单

虽然说如何配电是室内设计师的工作内容，身为屋主的我们并不需要知道到底该如何配电，但是室内设计是一门完全只能"客制化"的专业，电量该如何配置，还是要以屋主个人的使用习惯为准，所以最好能在与设计师咨询的阶段，优先整理家中有哪些常用的电器——尤其是用电量较高的家电（详见下表），方便设计师或水电技师在设计回路上和用电量的评估参考。

| 编号 | 电器名称 | 功率（W） | 时间（h） | 耗电量（度） | 电费（元） |
|------|---------|-----------|-----------|------------|------------|
| \multicolumn{6}{c}{家用电器瓦数耗电量费用支出（客厅）（厨房）（浴室）（房间）} |
| 01 | 电视 | 140 | 60/月 | 8.4 | X 电价 |
| 02 | 音响 | 50 | 60/月 | 3 | X 电价 |
| 03 | 电咖啡壶 | 590 | 10/月 | 5.9 | X 电价 |
| 04 | 日光灯 | 25 | 180/月 | 4.5 | X 电价 |
| 05 | 冷气机 | 900 | 240/月 | 216 | X 电价 |
| 06 | 电暖器 | 700 | 240/月 | 168 | X 电价 |
| 07 | 电风扇 | 66 | 240/月 | 16.8 | X 电价 |
| 08 | 吸尘器 | 400 | 4/月 | 1.6 | X 电价 |
| 09 | 除湿机 | 285 | 4/月 | 1.2 | X 电价 |

| 家用电器瓦数耗电量费用支出（客厅）（厨房）（浴室）（房间） | | | | | |
|---|---|---|---|---|---|
| 编号 | 电器名称 | 功率（W） | 时间（h） | 耗电量（度） | 电费（元） |
| 10 | 电冰箱 | 130 | 720/月 | 93.6 | X 电价 |
| 11 | 电磁炉 | 1200 | 15/月 | 18 | X 电价 |
| 12 | 微波炉 | 1200 | 15/月 | 18 | X 电价 |
| 13 | 电烤箱 | 800 | 15/月 | 12 | X 电价 |
| 14 | 电饭锅 | 800 | 15/月 | 12 | X 电价 |
| 15 | 饮水机 | 800 | 240/月 | 192 | X 电价 |
| 16 | 烘碗机 | 200 | 15/月 | 3 | X 电价 |
| 17 | 抽油烟机 | 350 | 15/月 | 5.5 | X 电价 |
| 18 | 烤面包机 | 900 | 15/月 | 13.5 | X 电价 |
| 19 | 果汁机 | 210 | 15/月 | 3.2 | X 电价 |
| 20 | 洗衣机 | 420 | 30/月 | 12.6 | X 电价 |
| 21 | 烘衣机 | 1200 | 15/月 | 18 | X 电价 |
| 22 | 电熨斗 | 800 | 15/月 | 12 | X 电价 |
| 23 | 吹风机 | 800 | 15/月 | 12 | X 电价 |
| 24 | 计算机主机 | 250 | 240/月 | 60 | X 电价 |
| 25 | 液晶屏幕 | 120 | 240/月 | 28.8 | X 电价 |
| 26 | 手机充电器 | 15 | 15/月 | 0.2 | X 电价 |
| 27 | 家用电玩 | — | 0/月 | 0 | X 电价 |

台湾电力公司电价查询表（引用自 http://www.rod.idv.tw/fastfood/electricity0001.html）

# 6 水管老旧，不要忘了重新接管

漏水与壁癌，几乎已经是所有老屋的共同问题。虽然有时候漏水的问题与老屋的建筑结构有关，有的是建筑物老旧混凝土的水密性失效，或地震后的结构裂缝等，造成雨水从外墙渗入，但有的时候，漏水问题其实就来自"居家内鬼"——水管。

## ⚡ 水管材质 vs 容易锈蚀的管道壁

　　随着建筑观念的进步，每一户新屋几乎都有建筑商特别预留的"管道间"，其用途是将室内的管线，例如粪管、水管等集中，方便后续的维修及管线规划。反观早期台湾的建筑，常用"管道壁"的设置，意即各式给排水管路藏于厚的墙壁中，因管线老旧锈蚀或地震引起的破裂等，容易造成管道由内而外的渗漏，时间一久则产生壁癌的可能性大增。再加上以前使用的管路多以铁管或铸铁管为主，容易锈蚀，不像现在几乎全面改用不锈钢材质，锈蚀破裂的情况较少，因此老屋翻修时，给排水管线的全面替换十分必要。

　　许多屋主常常认为支付了昂贵的装修费用，却看不到等价的装修效果，以为自己遇上黑心的设计师。其实老屋装修的主要费用，大多花在这种我们看不到、却能真正提升居家生活质量的基础工程上。

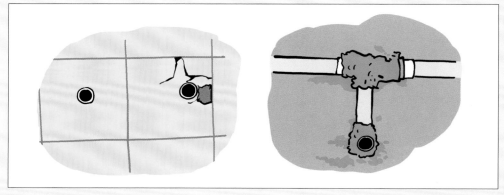

左图为隐藏于管道壁的白铁管，虽无锈蚀，但右图的三通及弯头接管锈蚀严重，会导致漏水

# ❼ 设计师们的老屋问题解决方案总集合

| 设计师及解决方案 ／ 问题 | 大森设计 宫恩培设计师 | 华太国际设计 钱毅设计师 | 摩登雅舍设计 王思文设计师 | 邑天设计 郑珊怡设计师 |
|---|---|---|---|---|
| 壁癌／漏水 | 若为建筑外部导致的漏水，除了结构再补强，室内也可使用EPOSY止漏剂 | 使用PU或发泡剂防水，是应对室内漏水最常使用的方式 | 壁癌发生处一定刮除干净，还要将墙面打至见底，涂上防水层再上漆 | 视房屋受风面及壁癌／漏水严重程度而定，从大楼外墙进行补强 |
| 西晒 | 全遮光的遮阳帘，或是能隔绝辐射热的Low-E（低辐射）玻璃都可选用 | 使用大楼帷幕专用的隔热纸，通常会有不错的隔热效果 | 使用防晒系数较高的窗帘，有效降低室内温度 | 率先考虑西晒空间能否进行调整，例如改装成阳台或厕所等区域 |
| 蚊虫困扰 | 外在环境必须保持干净整齐，或栽种香草类植物防虫 | 设置纱窗将室内空间包围起来，让飞蝇小虫不易进入室内 | 装修时请专业的除虫公司进行消毒，并建议屋主1～2年就要清除一次 | 许多老屋的公共管道皆为共通，若情况允许，可将不必要的管道填塞 |
| 狭窄 | 受限于室内结构大多难以变动，若情况允许，天井能有效解决狭窄问题 | 开放式手法可以得到相当良好的视觉宽阔感 | 引光入室、降低视觉压迫，自然能营造空间的宽阔感 | 从"设计"入手，例如镜面运用，或用书墙展示的方式修饰长形走廊 |
| 隐私 | 百叶窗、纱帘、卷帘等，搭配单反射玻璃，兼顾隐私保持护与视觉美观的效果 | 视对外窗的角度，考虑采用直立式的百叶窗，或是各式的木造型屏风遮挡 | 质地较轻的窗帘，例如纱帘，都是很好的选择 | 窗户一定要更新，建议采用气密窗，辅以窗纱、窗帘等 |
| 采光／通风 | 可视状况将窗加大，或是用高窗设计，确保通风与采光的畅通 | 全热交换机能有效促进室内通风；或是采用淡色系装饰，让室内看起来明亮 | 若有遮蔽大面积对外窗的隔间，情况允许便着手拆除，创造良好的居家环境 | 老屋窗户功能不像现代窗功能那样好，视觉也美观，若情况允许，建议全面更换 |

## ⚡ 壁癌／漏水

| | |
|---|---|
| **宇肯设计**<br>**苏子期设计师** | 先找出整面墙的漏水点、做好防水，再批腻子、上漆。若遇更为严重的水泥风化、剥落，钢筋裸露并遭锈蚀时，先帮钢筋涂漆以防止它继续生锈下去，再补上水泥。为强化这片区域的结构承重力，相邻的侧墙也用 O 形钢构件来补强 |
| **浩室空间设计**<br>**邱炫达设计师** | 独栋建筑遇到壁癌不用屈就于栋距而从内部做消极处理，可以从内外进行完整的标准壁癌处理程序，先刮除掉表面出现的发霉现象或剥落的漆，然后内墙与外墙都做彻底的防水工程，能防止再度发生壁癌现象 |
| **虫点子创意设计**<br>**郑明辉设计师** | 老屋壁面或天花板常见壁癌的问题，如果不是很严重，一般用从内侧补强的办法即可解决 |
| **六相设计**<br>**刘建翎设计师** | 遇到不是很严重的壁癌现象，可以用从室内内侧补强的办法解决。处理壁癌之后重新上漆 |
| **摩登雅舍设计**<br>**王思文设计师** | 偶见漏水问题源于相邻住户，但当种种原因，无法直接到住户家中修缮时，只能在漏水最严重的区域装设水盘。虽非一劳永逸的解决之道，但也只能折中地采用此法 |

## ⚡ 水电

| | |
|---|---|
| **虫点子创意设计**<br>**郑明辉设计师** | 为安全起见，老屋全部水电要重新拉管，并确认回路及开关安培数等。全面换新，走白铁管，既安全又能延长使用年限 |
| **觐得设计**<br>**游淑慧设计师** | 二三十年前的配电盘势必无法适应现今的用电需求，除非选用承载量更大也更安全的新型电表箱，要从大楼的电表箱出来的地方就开始重配线路，如此才不用担心日后会出问题。<br>进排水的部分，热水管建议使用保温的不锈钢管，厕所马桶的粪管则要特别注意泄水坡度，并且避免将厕所移到楼下住家的卧房，否则容易遭到抗议 |

| | |
|---|---|
| **宇肯设计**<br>**苏子期设计师** | 隔墙过多常是导致屋子阴暗又狭窄的主因。只要拆掉这些墙体，就能消除狭隘感，整层屋子也得以优化各区的位置与动线。<br>另外，利用配色等技巧，让空间尽可能地看来清爽，这样就能有效地放大空间感 |
| **浩室空间设计**<br>**邱炫达设计师** | 没有人喜欢在压迫狭小的空间久待，宽敞的大空间是人感觉舒适的一大因素，因此在居家空间的规划上更是以此为目标，现在也越来越多人可以接受开放空间的概念，像是开放式厨房的盛行等，不同于传统式老屋追求的细致隔间，现代人追求的是更宽敞、让人跟人互动更频繁的开放感 |
| **森境 & 王俊宏室内装修**<br>**王俊宏设计师** | 在有限的空间里，透过格局重新规划、流畅动线安排、配色及材质搭配等，都能将比例原则完美呈现，达到视觉上较宽敞的效果 |
| **虫点子创意设计**<br>**郑明辉设计师** | 套房可以考虑用开放式设计处理整体空间，从玄关、客厅、餐厅兼书房、主卧至厨房都不做隔间，仅卫浴空间保留实墙隔间。需要区隔空间定位时，以地板的高低差来区隔，同时也可以运用拉门或落地帘来做弹性区隔 |
| **六相设计**<br>**刘建翎设计师** | 在房间数等于机能性的概念前提下，老屋通常要求隔间要多。但现代人越来越重视开放所带来的舒适感。尽量减少屋内的隔间或墙壁，视线可以穿透而不受阻碍，室内空间自然看起来开阔，动线也更流畅。<br>另外，在室内门的选择上，拉门减少了门开合的角度，通常可以节省较大的空间 |
| **尤哒唯设计**<br>**尤哒唯设计师** | 当遇到房屋室内空间低矮的状况时，让人一进空间容易感到压迫感，建议此状况时不做天花，改用时下流行的裸梁LOFT 风处理 |

## ⚡ 采光／通风

| | |
|---|---|
| **浩室空间设计**<br>**邱炫达设计师** | 传统的装修方式是只在客厅天花板正中央设置一个主灯，不论主灯多亮都还是有无法均匀照顾到整个空间的缺憾。建议利用嵌灯与投射灯等不同型式灯光的搭配，让室内空间亮度整体提升 |
| **森境＆王俊宏室内装修**<br>**王俊宏设计师** | 除了加大窗框、去除隔间，最快最有效地让光流进室内每一角落外，不妨也可以考虑将采光最好的房间隔间墙拆掉，虽然减少了房间数，但可以有效使公共空间变宽敞且明亮。<br>另外，将女儿墙往下拆，加大窗景，也能使自然采光大量进入室内 |
| **觐得设计**<br>**游淑慧设计师** | 当遇到没有开窗的客厅，应该用开敞感与简洁造型来化解低矮与阴暗。<br>顺着梁位，在两侧打造大小不对称的间照天花，修饰大梁，并选个轻薄的布灯当主灯。引领视线延伸至相邻的空间，将其他空间的采光引进暗室，提升亮度，消除阴暗感 |
| **六相设计**<br>**刘建翎设计师** | 除了可以考虑将窗户加大外，有时候光将窗框变化为淡色系，玻璃改成较轻薄的材质，就能够改善采光的状态 |

## ⚡ 收纳

| | |
|---|---|
| **宇肯设计**<br>**苏子期设计师** | 集中收纳，并把柜体藏在桌下或墙壁里用于收纳。设计师认为即使屋内到处钉柜子也不够用。<br>在各区用最恰当的手法加入收纳空间；当收纳机能极大化之后，居家其实不必做出一堆落地柜来挤压空间与视觉感受 |
| **森境＆王俊宏室内装修**<br>**王俊宏设计师** | 可将屋内的畸零地规划成储藏室，不仅有效运用原本浪费的空间，更增加了家中的储物空间。<br>另外，也可利用梁下空间规划隔间兼收纳柜体，可以增加收纳空间 |
| **虫点子创意设计**<br>**郑明辉设计师** | 可考虑将所有空间机能全部集中在一侧，如鞋柜、电视柜、衣柜等，最大化地释放使用空间 |

## ⚡ 西晒

| 安藤设计<br>吴宗宪设计师 | 当客厅的西晒问题较轻微时，可以以微反射玻璃作为窗户的主要建材，并加装遮阳板修饰太阳入射的角度和面积，还可以用遮光窗帘稍加遮挡 |
| --- | --- |

## ⚡ 蚊虫困扰

| 安藤设计<br>吴宗宪设计师 | 有些阳台没有纱窗遮蔽，蚊虫容易飞入室内，会使屋主不开靠近阳台的对外窗，导致阳台附近通风不良，夏天也容易闷热。建议可以拆除阳台的铁窗，以木制格栅代替，并种植绿色植物，顾及美观的同时，兼具调节温度的作用 |
| --- | --- |

# Chapter
# 2

# 老屋改造
# 实例大公开

**1**

# 单身贵族的崭新天地

## A SINGLE PERSON WORLD

# 出租屋收回自住，
# 单身女的一人时髦天地

**房屋基本资料**

- 66.1 平方米
- 公寓
- 1 人
- 3 房 1 厅
- 35 年房龄
- 主要建材：石板砖，六角砖
- 六相设计·刘建翎

屋主原本和爸爸妈妈住在一起，而这间旧屋一直以来都出租给别人使用，为了圆一个自己的家的梦想，打算将此房收回装修后自住。

### 老屋状况说明：

此老屋有 35 年历史，屋内方正，但只有 66.1 平方米的空间，在空间小仍然隔成三房格局的情况下，使得每间房间都不大，而且整体感觉相当狭小；另外，只有一间浴室，厨房是迷你的短一字形、没有餐厅空间。不仅老旧，而且许多靠外侧的墙壁也都有壁癌的状况，整间房屋的状况相当不理想。

本屋身处内湖的住宅区中，在环境上是单纯且安静的。为了营造一个梦想中的单身天地，全屋的改造势必要做完全的翻新，于是屋主开始与设计师针对老屋问题与需求做装修计划讨论。

## 老屋问题总体检：

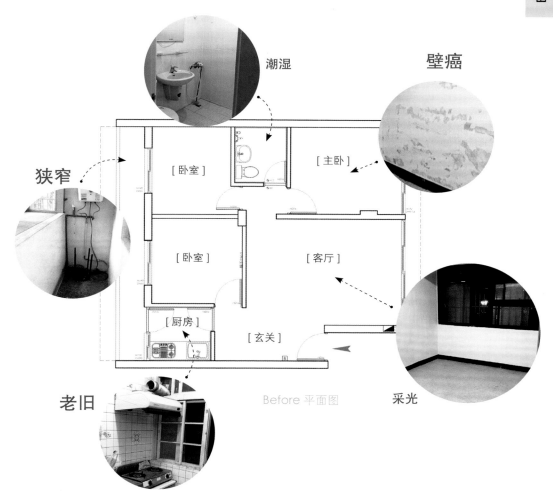

潮湿

壁癌

狭窄

[卧室]

[主卧]

[卧室]

[客厅]

[厨房]

[玄关]

Before 平面图

老旧

采光

## 最困扰屋主的老屋问题：

| 壁癌 | ●●○○○ | 此屋有老屋常见的壁癌问题，出现在屋子的左右两侧墙面 |
|---|---|---|
| 老旧 | ●●●●○ | 30 年都未整理，外观上十分陈旧，有些污垢甚至很难彻底清理，尤其是厨房 |
| 狭小 | ●●●○○ | 仅仅 66.1 平方米的大小做三房格局，每个房间都不大，不仅没有餐厅空间，厨房也相当狭小 |

**屋主想要改善的项目**

1 想用最少的预算，彻底翻新旧宅。

2 加大厨房区，增加餐厅空间。

3 想要简单清新的原木风格。

4 希望能解决壁癌衍生的墙面剥落问题，并做好防水处理。

5 全屋布置与建材都陈旧不堪影响使用。

6 66 平方米的小面积却设置了三房，房间和公共区域都狭小且影响动线。

# 沟通与协调 Communication and coordination

 **沟通协调后的设计师建议**

*1* 本案设计师认为，以屋主的预算和想法为首要考虑，向来是自己设计的宗旨，而非从设计师的主观出发，很多情况以省钱为最主要目的，美感是建立在实用基础上的。一开始就清楚知道预算，就能和屋主协调出可以做多少改动。

本案以装修预算折合人民币约 21.6 万元为目标，虽然也不是小数目，但因为**老屋装修的预算分配上，有七成都会花在拆除、管线重配等基础工程**上，因此在后续的装修设计上反而变得需要更精打细算，例如本案中，为节省预算，旧地板不动，全部在上方铺上一层超耐磨地板，省下了拆除旧地板的费用。

 **Q：** 听说老屋装修的预算要比新屋高，是吗？
**A：** 老屋的整修预算通常会比新屋要高，因为多了拆除和更换管线等费用（配线、配管、粉刷等基础工程），以 100 平方米的房子来计算，装修总价约有折合人民币 6 万元的差距。
本屋因预算不足，可以做好基础工程，面层选用较为经济的建材替代。

*2* 一个人住，不需要三个房间，另外因为屋主爱做菜又爱邀请三五好友来家中聚餐，于是建议**将紧邻厨房的第三间房拆掉**，把原来狭小的厨房改成开放式厨房，还增加了摆放餐桌和餐椅的餐厅空间。

*3* 原木风格与装潢的结合手法一直颇受业主喜爱。在此案例中，因为屋主理想的风格与预算关系，**设计师在设计中采用了大量的原生木材（OSB 板、回收木料）**，原生材料不会有二次施工的问题，能让整个空间呈现出原始大胆又极具质感的原木风格，只要业主可以接受此类木材不收边的细节等，倒不失为一个节省预算的方法。

**4** 此屋有老屋常见的壁癌问题，出现在屋子的左右两侧墙面，但因为并不是很严重，所以采用从**内侧补强**的做法即可。

**5** 遇到屋龄超过 30 年以上的老屋，基本上建议的做法都是**全屋打掉重做**，主要原因是电箱、管线水管等都需全部换新，老屋通常都不是气密窗，会有隔声不佳等问题，而且许多建材也都面临老旧而不堪使用的情形，不论是从美观还是安全实用的角度出发，都应该以全部重做为优先考虑。

**6** 尽量**打掉不需要的隔间**或墙壁，使室内空间看起来更开阔，动线更流畅。

老屋装修
**小知识**

**Q：什么是 OSB 板?**
**A**：OSB 板（Oriented Strand Board）
又称之为"定向纤维板"或"定向粒片板"，其主要是将木材切碎后，将木碎屑交错迭合，再经高温压制而成。

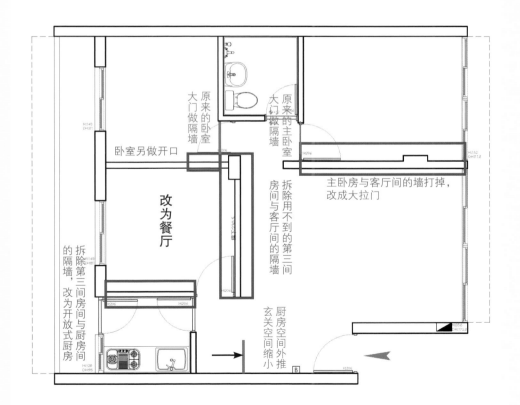

主卧房与客厅间的墙打掉，改成大拉门

拆除用不到的第三间房间与客厅间的隔墙

卧室另做开口

原来的卧室大门做隔墙

原来的主卧室大门微隔墙

改为餐厅

拆除第三间房间与厨房间的隔墙，改为开放式厨房

玄关空间缩小

厨房空间外推

■拆除　■增新墙　■其他　　Ing 平面图

# After and results
# 改造成果分享

## 风格来自于需求

设计师强调，室内装修并非个人作品的发挥，设计应该建立在屋主的需求上，安排一个符合屋主生活习惯及需求的舒适环境，比多么华丽亮眼的设计都来得重要。屋主的物品本来就不多，而且因为老家就在附近，不需要把全部的个人物品通通拿过来，因此，屋内的设计也做得相当简洁，没有特别着重于收纳用的橱柜，而重在营造空间的宽敞与舒适感。整体用白色和原木色系，营造出舒服和放松的居住空间，相较于一般过度装修的风格，这里真正能让人感觉放松。

## 不是只是好看，每个设计都有"道理"

客厅的电视柜造型简单，左侧原前阳台处从墙壁延伸到天花板的木板，是 OSB 板的原生材料，省掉了二次施工的程序，因此价格更便宜，还有意料外的粗糙质感。此大块Π字型横跨天花板的设计并非单纯为了好看，是为了遮住电视旁的变电箱，以及上方的线路走向。

除此之外，除了厨房的木纹为系统厨具营造出的效果外，其余全屋木头皆使用回收木料，甚至有些小家具也都是用相同木料制成的，像是客厅的桌子、小茶几、房间里的小化妆桌等。

## 自然采光改善老屋阴暗环境

　　为了节省预算，屋内没有做天花板上的间接灯，因此客厅连接到主卧房的外墙面都做成了大片气密窗户，引大量自然光源到屋内。之前老屋的窗户是粗黑框的传统型窗户，不仅颜色感觉沉重，而且没有气密的功能，厚重的玻璃也影响光线的投入。现在的屋内只设置了简单但有气氛的照明灯，但白天光靠自然采光的照明，就已经相当明亮，夜晚则能营造出舒适休闲的氛围。

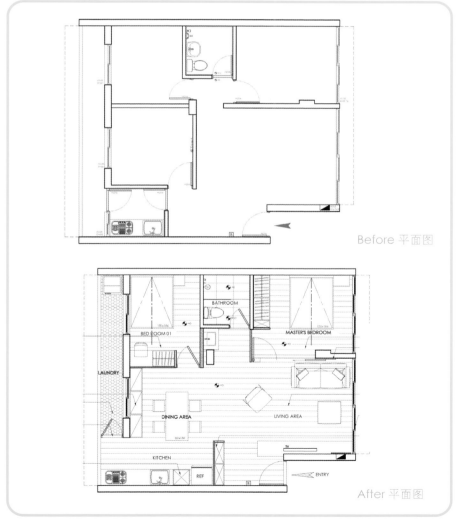

Before 平面图

After 平面图

### 弹性运用的个人自由空间

因为只有屋主一个人住，并不需要顾虑太多隐私性的问题，过多的隔间反而会让家中空间感觉狭隘，经设计师建议后，主卧室未采用一般的门而是采用整面墙的大拉门，平常白天时可以完全敞开，让房间和客厅空间相连，塑造出同一个空间的开阔感觉。有客人来的时候，又可以整个隐蔽起来，不让客人看到卧室的凌乱和隐私。

### 完美定做餐厨空间

屋主爱做菜，也爱邀请朋友来吃饭，因此，此块空间是变动最大的一块，拆除了一整个房间挪作餐厅空间使用。再将原本没有特别使用的玄关空间让出来，把一字型厨具加长后，缩短了玄关的长度，中间做了实用鞋柜当作分隔墙面。原来用不到的第三间房间，则完美变身为充满气氛的交谊餐厅，结合开放式的厨房，现在，要在这边和友人一起下厨办聚会都没有问题了。

## 功能一分为三的好用浴室

　　浴室改为干湿分离。将原来浴室的三项主要功能都分开来，洗手台设置在浴室外，也可单独当作一般日常生活的洗手槽使用，门内的马桶与淋浴间则用玻璃隔开，采用干湿分离。淋浴间的墙面特别采用了清水模墙，营造出与其他空间略有区别的原始的设计风格。

**老屋装修 小知识**

**Q：** 为什么我家的清水模墙会有裂痕？

**A：** 现在越来越多人可以接受，把未上漆的原始风味水泥墙当作室内布置的一部分，但是很多人不知道，水泥的特性因为热胀冷缩的关系，无论材料多好，施工过程多完美，一段时间后出现裂痕都是正常的现象，建议选择这类设计的屋主，要先有这样的认知。

# 之前之后对照一览

**Before**

**After**

### 客厅

原来阴暗的客厅，成功改造成**明亮的客厅**。

### 卧室

壁癌经过处理并重新上漆之后，卧室变身为崭新的迷人休憩空间。

### 厨房

厨房的厨具采用**木纹的系统柜**，尽量与其他空间的原木风格相匹配。

### 浴室

将原来浴室的**三项主要功能都分开**来，洗手台放置在浴室外，可单独当作洗手槽使用。

# 重点施工流程

## ❶ [ 餐厨加大工程 ]

老屋通常隔间较多，以应付较多的居住人口，而现代人越来越重视开放所带来的舒适感，尤其一人住的地方，拆掉用不到的房间几乎是不二的选择。一拆掉隔墙之后，整个开阔的空间感已然出现。

**Step1**

拆掉一间房的两面墙。

**Step2**

形成开放式的厨房并增加了餐厅空间。

**Step5**

全新的气密窗，并设置了水电管线。

**Step4**

木工进场。

**Step3**

厨房加大变为开放式，并增加餐厅空间。

**Step6** 完工照

### 老屋装修 小知识

**Q：所有墙都是可以拆的吗？**

**A：** 一般可以拆的墙为砖墙或轻隔间墙，最简单的辨识方式为厚度约 10 厘米。砖墙的辨识方式为可以看到红砖，轻隔间墙则会看到前后的硅酸钙板，且厚度约 10 厘米。承重墙 (RC 钢筋混凝土墙) 和剪力墙（结构墙）是绝对不能拆的，这种墙大多厚达 15 厘米以上，有时会在隔间墙的位置，但多在浴室四周或管线间，所以管线间也不能移位；这两种墙绝对不能打，里头的钢筋也不能切断，不然，整个建筑就有坍塌的危险，若真的有疑虑，可请结构设计师来检查。

## ❷ [ 拉门设置工程 ]

一个人住不需要太多多余的隔墙，但又考虑到外人来时的必要隐私，因此设计师为屋主在主卧室和客厅间设置了超大拉门，打掉了一整面墙，并把原本的侧边入口封起来。将原木的拉门全部拉开后，从卧室可以直接看到客厅，营造出开阔的空间感，而且可以一眼看到各空间，也让人产生安全感。

**Step1**

**Step2**

拆除主卧与客厅间的墙面。　　填平地上的凹痕。

**Step5**

**Step4**

**Step3**

最后安装上超大型木板门。　　在墙面上各部分逐步贴上木片。　　裁切原木并做细部处理。

**Step6** 拉门完工照。

 老屋装修
**小知识**

**Q：** 拉门和一般门有什么不同？

**A：** 拉门的优点是不需要预留一般门在外开或内开时所需要的空间，一般建议在空间较小的住家使用，只要左或右侧有足够的推拉空间。而此案例中则是因为考虑到想让主卧与客厅空间连成一体而做成整面拉门。拉门有与墙面融为一体的优雅感，但缺点是密闭性不如一般房门，隔声效果稍差一些。大家可以视个人和家人的需求做选择。

# ❸ [ 原木应用工程 ]

本案中设计师以原木统一全屋调性，但是所有的设计都是有"原因"的设计，而且在预算内尽量物尽其用，大块的木材裁切剩下的零碎木材，就依屋主需求做成简单但实用的小家具，像茶几等。

客厅左侧为 OSB 板装饰。

浴室用回收木材隐藏除湿设备。

浴室原木置物架。

用回收木材做客厅大茶几。

用剩余的回收木材做
边桌。

**房屋基本资料**

- 264.3 平方米
- 独栋透天厝
- 4 堂姐妹
- 4 房 4 厅
- 30 年屋龄
- 主要建材：文化石、超耐磨地板、木纹砖、铁件、天然木皮、系统家具、系统板材、玻璃
- 浩室空间设计·邱炫达

# A SINGLE PERSON WORLD

## 从乱糟糟到前卫混搭，堂姐妹的崭新透天厝

这间透天厝（台湾建筑形式，指从一层到顶层归一户所有）属于家族中的两对堂姐妹共四人所有。家族有一块自己的地，共盖了六栋透天厝，而其中这栋是和孙辈感情很好的阿婆离世前坚持留给孙辈的。

长辈也觉得孩子大了要有自己的空间，认为同辈住在一起较有话题又可以彼此照顾，也希望可以凝聚家族的向心力，爸爸妈妈家就在附近，随时都可以回家吃饭聊天。

两对堂姐妹从小感情就不错，就像四姐妹一样亲密，之前就一起住在这间房子里，但老房子老旧，又没有什么风格，便兴起想要重新装修的想法。继阿婆留房之后，爸爸妈妈又出钱让四姐妹依自己的喜好装修设计，让幸福的四姐妹们开始摩拳擦掌找设计师，并规划新家。

## 老屋状况说明：

此栋位于桃园的三层楼住宅，外观较旧式，但贯穿建筑本体的大窗型设计相当特别且引人注意。

此老屋形状特殊，不方正，因此除了室内的格局规划不佳之外，一楼外围还多了几个特殊形状的阳台，因为入口狭窄又位置不好的关系，之前一直拿来堆放杂物，没有办法将这些空间做妥善的运用。室内的问题则为摆设陈旧，物品繁多又没有妥善收纳，显得相当杂乱。

在装修前，四姐妹在这屋子已住了 10 年，觉得此屋最主要的问题就是壁癌和老旧没有风格。

## 老屋问题总体检：

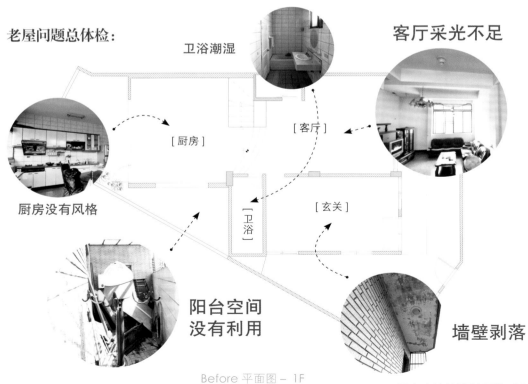

卫浴潮湿

客厅采光不足

[ 厨房 ]

[ 客厅 ]

厨房没有风格

[ 卫浴 ]

[ 玄关 ]

阳台空间
没有利用

墙壁剥落

Before 平面图 – 1F

**最困扰屋主的老屋问题：**

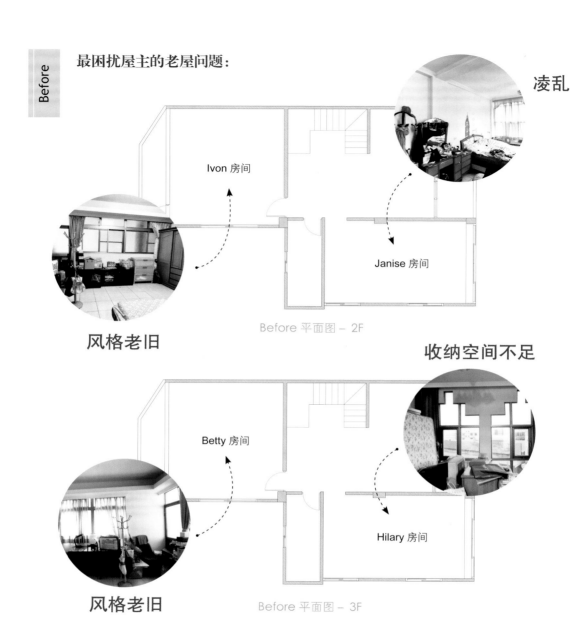

凌乱

Ivon 房间

Janise 房间

Before 平面图 – 2F

风格老旧

收纳空间不足

Betty 房间

Hilary 房间

风格老旧

Before 平面图 – 3F

| 壁癌 | ●●●●○ | 玄关的墙壁等处都有很严重的壁癌，引起墙壁四处剥落，室内变得不太美观 |
|---|---|---|
| 陈旧 | ●●●●○ | 30年老屋装修手法和家具配置都相当陈旧且没有风格，不符合时尚新潮年轻人的喜好 |
| 格局 | ●●●○○ | 格局不方正，导致在配置空间时产生了一些畸零地，变成堆杂物的地方 |

**屋主想要改善的项目**

1　四姐妹对自己的房间风格都有各自的期望和想法。

2　虽然地方算宽敞但收纳功能不佳，使屋内动不动就显得杂乱。

3　希望处理好屋内的严重壁癌。

4　厨房空间要够宽敞、采光要好。

5　格局有些凌乱，还有许多空间没有得到有效运用。

# 沟通与协调　Communication and coordination

 **沟通协调后的设计师建议**

*1* 四姐妹都从国外留学回来，在品位上很有自己的想法，各自和他们沟通协调风格和细节，再量身定做 3D 图确认并执行。四间卧室的风格有美式乡村风、现代风，各不相同，**为融合调性不同的现象，设计师建议共享空间如客、餐厅等索性也采用大胆的异国风格**，意料之外地创造出整间屋子混搭却和谐的风格。

*2* 对居家物品杂乱的问题，一般通常是因为老屋收纳机能偏弱，只能添购零星的橱柜家具等存放东西，但这些家具彼此风格不见得能够完全和谐，在一开始就会让人有零乱的感觉。之后会规划较为隐藏式的收纳空间，让人感觉不出来收纳柜的存在，另外针对一般女孩子最头痛的衣物收纳问题，**每间房都会设置专属的个人更衣间**，以满足女生的梦想，而且就算买得再多也不怕没地方收了。

*3* 因为此户是独栋的建筑，遇到壁癌不用屈就于栋距而只从内部做消极处理即可，可以从内外进行完整的**标准壁癌处理程序**，先刮除掉表面出现的发霉物或剥落的漆，然后内墙与外墙都做彻底的防水工程，能防止壁癌现象再度发生。

*4* 原始的厨房设计是传统式的，餐厅和厨房在同一个封闭空间内，因为紧邻的一楼外侧阳台空间闲置没有使用很浪费，所以**建议干脆整个外推出去**，将厨房独立在玻璃门外，而餐厅留在原处，让两边都更加宽敞、好使用。

*5* 格局的规划主要依据屋主的需求做变动，像卧室和起居室的动线等，而几个**格局不方正的阳台空间**，也会做有效的配置。

**老屋装修 小知识**

**A：**室内 3D 图是指设计师依据客户的需求，画出的一份立体空间、仿真的设计图，客户可以很具体且清楚地看到设计的细节，例如柜体的木工表现、床头板的设计图样等，并直觉地想象完工后的外观，不用像以往 2D 平面设计图一样，受限于空间表现方式而无法彻底掌握细节。

为适应潮流和实用性，现在很多设计公司都已经提供这项技术，不过，因为 3D 图的绘制技术门槛还是比传统 2D 平面设计图高，有的设计公司还会因此外发给专业绘制人员绘图，所以有的设计公司会针对 3D 图另外索取费用。

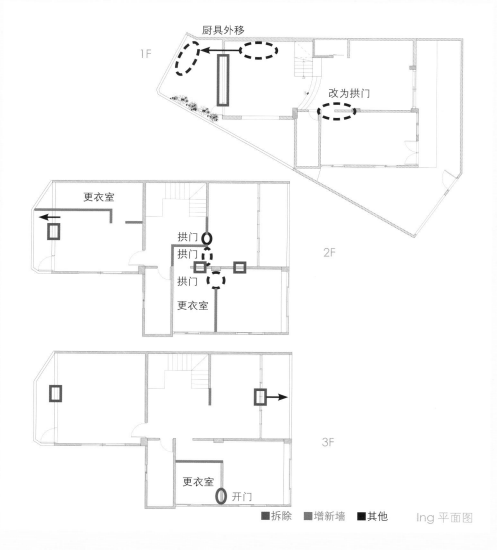

Ing 平面图

# After and results
## 改造成果分享

### 当地中海蓝遇上美式现代乡村——混搭就是风格

一进大门，映入眼帘的是大胆使用整面地中海深蓝的玄关，占地面积之大令人惊讶，会让人以为是客厅，而真正的客厅设置在大拱门的另一边。

客厅和餐厨空间串连成一整个宽敞的开放空间，一面是从玄关延伸过来的地中海蓝，另一面则是沉稳的咖啡灰，不同色系的两面墙在此大空间中相互映照，不仅不会突兀，反而有种极富变化的亮丽质感。

### 最悠闲且有个性的起居室

整面咖啡色墙面搭配一字型黑框木纹简洁柜，天花板上的嵌灯投射在装饰柜上的版画和相框上，营造出画廊氛围。布沙发和桌子尺寸气派但造型和颜色都走低调气质，右侧采光明亮但柔和，另设内凹打灯的墙面展示空间，再为客厅增添艺术气质。

### 耗时耗力的巨大工程

一方面因为占地大，另一方面因为不断协调沟通四位屋主的不同喜好，此案从规划到完工耗时近半年。在处理老屋装修时，因为建造时间较久远，通常已没有留下管线配置图，而屋主本身也未必知道走向，偶会发生拆除过程中打到旧水管而造成突发漏水的状况，让老屋的翻新过程增加了难度。

Janise

Ivon

## 二楼——姐姐的乡村风与妹妹的现代风

进入二楼，第一间房是 Janise 的房间，含卧室、更衣室和一个起居室，以三个拱门串连了彼此。整体偏美式乡村风格，有整整两面的浅灰色文化石墙面、两扇超大的玻璃窗户，配上木地板、画龙点睛的相框装饰与设计单品家具，整体感觉是一个能够真正放松的区域。

Ivon 的房间走的是现代风格，房内窗户虽然没有 Janise 的房间这么大，但也有两面采光，床头板、矮桌和书桌等简洁地一体成型，另外房内还放有专属的钢琴，并且一样有专属的更衣室。

## 三楼——现代风格撞上美式风格

三楼的起居室是家里的第二个小客厅，除了沙发和茶几外，背后设计了一整面墙顶天的展示收纳柜。和一楼的低调沉稳客厅不太相同，此起居室抢眼的黑皮沙发搭上文化石和整面的荧光绿墙，营造出相当前卫时髦的氛围。

Hilary 的房间风格跟 Ivon 的房间有些接近，是比较简洁的现代风。房间正好位于本栋建筑窗框的顶端，充满造型的大窗户也让这间房间多了一些趣味。最后一间 Betty 的房间，呈现美式风格，木纹丰富的衣柜和超耐磨地板是本房亮点之处。

Hilary

Betty

## 惊艳的自然光温室厨房

　　进入厨房有一种置身国外豪宅空间的错觉，除了规模或质感都相当令人赞叹外，最惊艳的还是那像温室一样的玻璃屋顶，设计师巧妙安排了全透明和反射玻璃不同透光度材质的组合，让投射进此空间的光线充满魔幻的变化，好像在这里待多久都不会腻，把这里打造成超脱柴米油盐的优雅国度，今天，姐妹们打算在这里一起做什么菜呢？

老屋装修
小知识

**Q：玻璃屋顶的优缺点？**
**A：** 在国外电影或影集中，常会看到玻璃屋的场景，也许是女主人和女伴们优雅的下午茶聚会，或许是老先生的植栽温室，玻璃屋顶营造出时髦悠闲的氛围，也有越来越多台湾人可以接受这样的设计。

玻璃屋顶的优点除了美观有风格之外，采光好自然不在话下，另外还有将室外自然景观融入室内的无法取代的优势；缺点的部分则是玻璃屋的温度通常会比较高，还需要留意玻璃的清洁以及安全性的问题。

Before-1F

After-1F

Before-2F

After-2F

Before-3F

After-3F

# 之前之后对照一览

**Before**

玄关

几乎与一般家庭客厅一样大的玄关，连接客厅的入口设计成拱门形状，加上整片的地中海蓝墙面，异国风情强烈。

## After

客厅

窗户维持同样大小，只是改成气密窗，原来客厅设置有一个吊灯和天花板灯，改成嵌灯与投射灯之后，**室内感觉更明亮。**

餐厅

将原本餐厨和阳台间的墙打掉，室内只放餐厅，**厨具外推后**，室内摇身一变为简洁的休憩空间。

厨房

玻璃屋顶，设计师巧妙安排**不同材质和透光度的组合**，让这个厨房空间如梦似幻。

ROOM
Janise

原先零星木头家具造成的俗气感已不复见，摇身一变为时髦的美式乡村空间。

### ROOM
### Ivon

床的方位 180 度大
转动，风格也 180
度大变动。

### 起居室

将原来的室外空间
纳入室内，全黑沙
发，配上左侧墙整
面**漆成亮绿色**，大
胆的个性有别于一
楼客厅的悠闲。

### ROOM
### Hilary

三楼的大卧室，光
是将窗户改为黑色
铁件，营造出的**金
属质感**就已经很不
一样了。

### ROOM
### Betty

功能一样，但用有
**统一感的设计家具**
取代零星的小收纳
柜，不再杂乱，气
质大翻身。

# 重点施工流程

## ❶ [ 厨房外推工程 ]

**Step1**

原来拥挤的餐厨空间。

**Step2**

将与外阳台之间的墙整个打掉。

**Step3**

屋顶也拆掉，重置玻璃屋顶。

**Step4**

餐桌在内，厨房在外，优雅宽敞的开放式用餐空间。

## ❷ [ 窗户重制工程 ]

**Step3**

**Step1**

原本的窗户造型即富有趣味，但非气密窗。

**Step2**

整个拆空留下墙的形状。

黑色金属质感给整体装修加分。

**❸** [ 清运工程 ]

**Step2**

将废弃的木板牢实捆绑。

**Step1**

三楼起居室阳台，是清运三楼拆除垃圾的窗口。

**Step3**

挂上吊车的垂吊绳。

**Step4**

扶持下小心搬运。

**Step5**

吊车

# 特别附录／保留好用的旧东西

## ❶ 楼梯

　　将原来的木质楼梯扶手漆成白色，整体风格和质感就会完全改变，这是考验设计师功力的创意魔法，只要眼光准，下手留住老物件，就能省去全部打掉重做的费用。

　　此类型楼梯扶手其实蛮常见，很多老一点的建筑都会使用到，但很多人都没有注意到其实这类扶手具有古典的欧式风格。

## ❷ 伪文化石

　　原来只是室外空间中再常见不过的二丁挂砖，起居室外推之后，设计师将砖全部喷白漆处理，竟然成为与 Loft 风格极为融合的文化石效果，设计师笑称之为"伪文化石"，这也是旧物再利用的省钱巧思。

### 什么是二丁挂?

　　丁字是台湾于日据时代，日本人留下的一种模具化的单位，单片之宽度为60毫米者，俗称二丁挂。

　　丁挂砖属于建筑陶瓷的其中一种，大多用在建筑外墙或柱面拼贴、收边或勾边的用途，以及园艺或景观规划上，也有很多室内设计会利用丁挂砖特殊的质感应用在装修里面，算是用途十分广泛的建材。

# A SINGLE PERSON WORLD

## 海风侵蚀
## 钢筋露出的老公寓，
## 惊奇改造为美景小豪宅

**房屋基本资料**

- 85.9 平方米
- 公寓
- 1 人
- 2 房 2 厅
- 40 多年屋龄
- 主要建材：玄武岩、意大利板岩、大理石、日本进口遗迹孔砖、金属玻璃马赛克、沟纹砖、人造石、南方松、栓木钢刷木皮、铁花橡木、海岛型木地板
- 宇肯空间设计·苏子期

　　在台北工作、生活多年的男主人，渴望拥有从功能到风格全都吻合自我风格的空间。市区房价太高，他在郊区寻寻觅觅，某间破旧老公寓的售价让人喜出望外。看过现场之后，屋后封闭住的绝佳港景促使他无论如何都要改造这里。

## 老屋状况说明：

　　此宅的外环境颇优。前衔干道，开车往返台北很便利；后临港口，风景迷人。然而，建筑物本身却令人忧心。狭长平面完全翻版自街屋。两侧长墙的其中一道走向歪斜，墙壁到处都是凹面与凸柱！先前为隔出三房而形成迂回长廊，遮光、挡景，还导致各区窄小又阴暗。格局配置也有多处不合理。例如，客餐厅各据屋子的前后两端，小厨房仅能塞进短短一截流理台。想上厕所吗？只能从厨房进出。此外，老屋后端的墙面漏水严重、多处有壁癌，阳台楼板的水泥竟剥落到露出钢筋的程度……

**老屋问题总体检：**

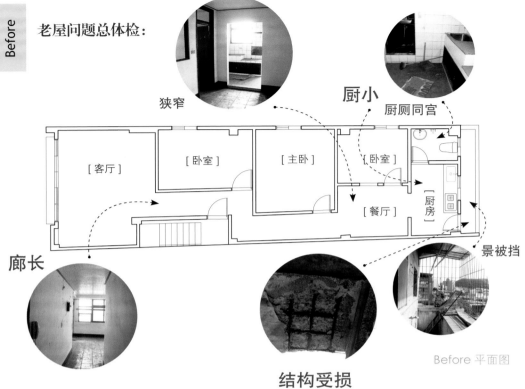

狭窄

厨小

厨厕同宫

景被挡

廊长

结构受损

Before 平面图

**最困扰屋主的老屋问题：**

| 狭窄 | ●●●●○ | 街屋般的狭长格局，东西长 30 米，面宽仅约 4 米。三房两厅的房子处处是隔间墙，各区面积都很小 |
|---|---|---|
| 廊长 | ●●●●● | 三间卧房全挤在屋子中间，构成长约 7 米的窄廊；大门则为迁就整栋公寓的楼梯方位而只能开在屋子中段。进屋就踏进这条曲折、幽暗的长廊；廊宽 1 米，正对着大门的白墙近距离地压迫着视线。入口毫无余地可设置玄关，连鞋柜也没法摆放 |
| 厨小 | ●●●●○ | 传统的密闭式厨房颇为窄小。一字型流理台的台面对喜爱烹饪的人来说显得非常不足。厨房里也没地方规划电器柜与收纳柜 |
| 景被挡 | ●●●●● | 此宅的最大优点就在于后阳台的港口景观。但是，厨房的两重隔墙与小窗遮挡了往外的视线。若站在狭窄的后阳台，则更令人扼腕：美景之前尽是丑陋的铁窗 |
| 厨厕同宫 | ●●●○○ | 位于屋子后段墙角处的卫浴间很小，且只能从厨房进出。从风水学来看，厕所秽气进入厨房是很糟糕的格局。厨厕如此靠近，感觉上也很不卫生 |
| 结构受损 | ●●●●○ | 后阳台拆除掉铁皮雨篷之后，才发现天花板边缘的混凝土严重剥落、露出生锈的钢筋，恐怕此区的承重力会不足 |

**屋主想要改善的项目**

1 想要全屋变得开敞、明亮，动线更顺畅。

2 期待入口能增设玄关与鞋柜。

3 希望坐在客厅沙发就能赏景，再也不需为了看风景而站在窄小的后阳台。

4 解决房屋漏水的问题，并补强露出钢筋的天花板。

# 沟通与协调 Communication and coordination

 **沟通协调后的设计师建议**

*1* 宇肯的苏子期设计师表示，**隔墙过多是导致此屋阴暗又狭窄的主因**。只要拆掉这些墙体，就能消除长廊，整层公寓也得以优化各区的位置与动线。他将客厅从前段拉到中段的入口旁，并与后半段的餐厅、厨房整合为一个宽敞的公共区域。这里约占全室一半面积，集中了烹调、用餐、工作、娱乐和社交等功能。在强化生活功能的同时，开放式设计也能放大空间感。

*2* 将正对着入口的长墙后退 50 厘米并改为短墙，就能**拉出方正的玄关**，从玄关进入客厅的右侧有处凹入约 1 米之深的墙角，这里先前是长廊通往餐厅的转角，现利用这个 L 型角落来规划双面可用的落地柜：面对玄关区的是鞋柜，朝向客厅的是收纳柜。

*3* **拆除了占据屋子后端的密闭式厨房**，从屋子的中段到后段就全都能轻松地望见港口。接着，拆掉后阳台的铁窗，改设钢铝合金材质的电动节能窗。屋主将节能窗收到顶处就能享受大片窗景。当人不在家时，降下节能窗能防止雨水泼溅又能防盗。还可调整百叶的角度，依遮光需求来控制西晒进光量。整个后阳台拉大深度，改成可摆放桌椅的赏景阳台，落地的玻璃折门不仅加大对外的开口，也利于引景入室。

*4* 后半段外墙有多处漏水，甚至壁癌严重，先找到整道墙的漏水点、做好防水，再批腻子、上漆。后阳台的楼板因房子老旧，水泥风化、剥落，裸露的钢筋也遭锈蚀，**先帮钢筋涂漆**以防止它继续生锈下去，再补上水泥。为强化这一区域的结构承重力，相邻的侧墙也用钢构件来补强。

**Q：该如何解决面宽太窄的格局？**

**A：**此屋的两侧长墙相距仅 4 米，在没法往外拓宽的情况下，我们只能透过一些技巧来化解。以公共区域为例：厨房流理台或中岛的轴线都顺着长墙的方向，以期占用的面宽能达到最小程度。餐厅在扣除通道之后，剩下的面宽就用来配置餐桌。大餐桌舍弃四支桌脚的做法，改用中央底座来支撑，以免绊到脚。桌面的短边靠墙，剩下的三边就能坐到 5 个人。桌面搁在沿墙打造的木柜上方，这可让桌子获得长达 150 厘米的台面；充裕的台面看起来大气，用起来也舒服。最重要的是，餐厅的侧墙贴满大片明镜。坐在这里，镜子的折射延伸了此区景深，化解了面宽不足的尴尬。若从屋子偏中段的位置来看这面镜墙，它还能把窗外的光线与风景拉进室内，也能让人忘掉狭长空间的局促感。

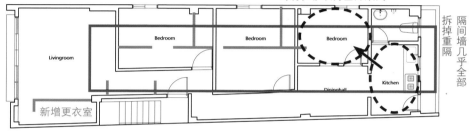

Ing 平面图

■拆除　■增新墙　■其他

1. 主卧外侧、卫浴外侧各增设一道可收入柜体内的拉门。
2. 客厅与餐厅、厨房合为一个大型的公共区。
3. 增设多功能中岛。
4. 阳台增加深度，南侧增设短墙以隔出洗衣房，外侧女儿墙用电动节能窗取代传统铁窗。
5. 阳台楼板与侧墙补强结构。
6. 餐厅的侧墙用木作拉平整后再贴明镜。
7. 新的卫浴管线走明管，粪管架高以拉出坡度，并利用和室的架高木地板与橱柜来遮盖。

**Q：既然已大刀阔斧地进行拆除，为何还要保留原有墙面？这不是会牵制到全屋的格局规划吗？**

**A：**其实，尽量不拆墙才是最佳方案。尤其有许多老公寓都是早期小型建设公司的产品，当初没那么重视结构计算，再加上老屋经过岁月洗礼，结构也会变得较脆弱。此案几乎拆掉全室的隔间砖墙，它们虽不属于承重墙，但若全拆掉，多少也会有影响。经过一番推敲，选在屋子 1/3 与 2/3 处的两道砖墙，各保留宽约 2 米、1.5 米的短墙。格局规划当然要看设计师的功力；不过，此案之所以能这样保留原墙，是因为主卧、客厅等处都已确定位置，各区只需微调尺寸即可将这两道短墙纳入设计。

# After and results

## 改造成果分享

### 三房变两房，铁窗囚牢化为美景天堂

　　单身的男主人喜爱旅游与美食，也常在自家下厨款待好友。他不需要很多房间，厨房与餐厅才是他最重视的生活舞台。因此，设计师帮他翻新此屋，就从全盘格局改起。拆除重重隔墙、卸掉铁窗与铁皮雨篷，把主卧与卫浴拉到屋子前段，将客餐厅与厨房集中在看得到美景的区位，最后再加大阳台深度。如此一来，整间房子就摆脱幽暗、狭窄与动线迂回如迷宫的样貌，陡然升级为开敞、便利、如同精品饭店般迷人的小豪宅。

## 善用拉门，同一间卫浴也能有两种用法

屋主相当好客，也很重视个人隐私。他希望主卧能与客餐厅有区隔，以免外人随意窥探。设计师以玄关为界，划分公与私两大区域。进屋后，往左可通往卫浴间跟主卧，往右穿过玄关则进入客厅等区域。屋主平日在开敞的公共空间看电视、上网、做菜、吃饭……当客人来访时，此区又化为私人招待所，从厨房端出的美食、从室内望出去的美景，全都是身心的最佳盛宴。不过，整层公寓由于面积与格局，就只能配置一间卫浴，而这唯一的配额早已分给了主卧。

那么，该如何让这间卫浴能供来客使用、还能兼顾主卧的隐密？苏子期设计师在主卧入口以及卫浴入口前各设一道拉门。主卧拉门还兼当展示柜墙的活动门，通道的拉门则可靠在侧墙的柜体外侧。当有客人来访时，只要拉上主卧入口的拉门，这唯一的卫浴间立即就成了客用卫浴；若拉上通道靠玄关处的拉门，主卧跟卫浴则顿时就构成完整的套房。

## 顺势规划，创造实用又美观的精致空间

这间公寓的户型大抵方正，但四面墙壁却很不平整！没几步就有柱角凸出或有墙面凹入，此外，某道长墙的走向还略为歪斜，设计师先用木作来修饰客餐厅的斜墙，在最不浪费宝贵面宽的前提下，分两段来拉平立面。客厅的斜墙在拉正角度之后成为沙发背墙；餐厅的侧墙上半段是镜墙，下半段则用与餐桌相同的材质来打造收纳边柜。

主卧床头的背墙左右不对称地凹入，在这道立面选用秋香木来打造质感温润的造型墙，顺便封住左大右小的凸柱。整墙木作浅浅地嵌住床头，内藏灯带可充当睡前的阅读灯。至于全屋最明显的两处凹墙，全都是因为公寓楼梯间所形成。在主卧床尾的凹入处，沿着走道墙壁来增设一道电视墙，墙后即为走入式更衣间。另一处凹墙则介于玄关进入客厅的右侧。利用墙体凹入约1米的深度，来规划玄关鞋柜与储物柜。

## 扩大阳台，增加一处可游可赏的休闲区

面对港口的后阳台，原先深度仅有75厘米。翻修时将隔墙内缩，使宽度扩充近3倍，并装设可升降的电动百叶来取代铁窗，这两个动作不仅大幅减少西晒带来的酷热，雨天还不必因为关窗而影响通风。空间变充裕了，还可摆放桌椅，供人坐在这里赏景、聊天。设计师进一步地美化了阳台，让它本身成为值得欣赏的一个景观。

女儿墙与地面贴覆意大利进口岩砖，相同材质能使地面看来有延伸感。阳台角落的洗衣房隔间短墙铺贴铁灰色的玄武岩天然石，右墙内衬型用钢构件补强的立面，则用南方松实木板材修饰。打造了充满自然质朴风的背景，接着再进行绿化。女儿墙外栽种一排绿篱，墙角摆上大型盆景。可游可赏的休闲阳台，再度提升这栋老公寓的价值感。

**老屋装修小知识**

**Q：在阳台装设电动节能百叶，如何兼顾防盗与美观？**

**A：** 其实，传统的铁窗防盗效果很差，细铁栅很容易被惯犯剪断。等到有火灾需紧急逃生时，铁窗却往往阻断求生之路。现今市面有不少可防盗的窗材，这栋老公寓选择安装电动节能窗，主要是为了窗景。这种窗材可做出较大的跨距，让客餐厅望出去的视野不会被一个个窗框给破坏。当然，电动节能窗的钢铝合金百叶结构很坚硬，帘幕底部也能紧密地扣住窗框，让小偷很难剪断或撬开。由于这座阳台的女儿墙呈L形，南侧的短边也要装上节能窗，以免整个阳台的防盗机制会出现漏洞。

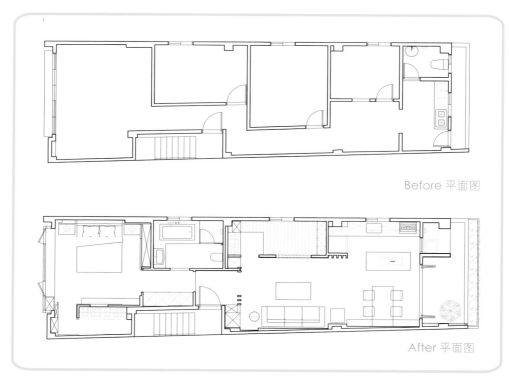

Before 平面图

After 平面图

# 之前之后对照一览

**Before**

**After**

客餐厅

原先的格局在屋子中段接连地配置三间卧房，再用窄长的走廊来串联全室。从大门入口往右看去，通往餐厅的走廊还拐了个弯，严重地遮挡采光。改造后，**这段廊道成了客厅的一部分**（现今的沙发位置），并与餐厨、阳台融为一个享有海港景观的大空间。

卧室

站在大门往左看，是一条长3米、宽1米的走道。拆掉卧房隔墙，重新隔出一间卫浴，新墙往后缩约半米，这条通道因此变宽，还有余裕在侧墙配置整面的储物柜。**大型柜体借由上下透空辅以间照的手法来轻化量体**，柜门贴镜面则可消减窄迫感。

阳台

先前的后阳台相当窄长，横亘眼前的铁窗也让美景大打折扣。改造成宽敞的观景阳台，可供人拉张桌椅在此喝咖啡赏景。女儿墙装设的**电动节能窗可整个收到顶端**，让大片窗景毫不保留地映入眼帘。

## 卫浴

此屋在改造前后都只有一间卫浴。它原本设在屋子后方的角落，因与厨房瓜分同一区块而窄小到只能配置洗手台、马桶跟淋浴龙头，每次洗澡必定弄湿全间。**将卫浴拉到主卧与玄关当中，无论从屋子哪个方位都能很快抵达。**此外，新的卫浴间是原先的两三倍大，不仅干湿分离，还能放置一个大浴缸。

## 厨房

原本的一字形厨房，传统的水泥厨台很短，无论水槽或料理台全都比标准尺寸来得小。更糟的是，厨台的对墙或侧墙完全没空间配置柜体，锅碗瓢盆只能往餐厅堆放。将厨房移位、转向并改为开放式设计，**厨台拉长了将近2倍**，连同多功能中岛变成双面可用的烹饪空间。当然，储物功能也不知增强了多少倍，还能配置大台的冰箱。

# 重点施工流程

## ❶ [ 结构工程 ]

这间老公寓不知是因为当年偷工减料，还是由于长年遭受海风侵袭的关系，总之，靠港的阳台在楼板边缘出现水泥崩裂、钢筋裸露且锈蚀的问题。钢筋一旦生锈，结构承重就亮起红灯。因此，在装潢前得先修补好这里。设计师为求安全，不仅补强了露出钢筋的天花板，也加强其下方的侧墙；甚至，连阳台地坪也做植筋，以防楼下住户的阳台顶板会有相同问题。

**Step1**

阳台的顶板已风化，外露的钢筋已锈蚀。

**Step3**

原有的侧墙也以钢构件来加强结构。

**Step2**

设计师检视过风化情况，决定补强这区的结构。

**Step4**

阳台顶板包覆铝合金企口、天花板内嵌照明、侧墙装饰南方松木板，这两样都是耐候性极强又有美感的面材。

# ❷ [ 造景工程 ]

**Step1**

迁走卫浴间跟厨房，阳台
内缩后，重筑砖造短墙与
落地窗的门框。砖墙后方
是摆放洗衣机与水槽的小
型洗衣间。

**Step2**

玻璃折门可向两侧收拢到完全看不到的程度。女儿墙装
设电动节能窗，百叶可调整角度，从此不怕午后西晒的
酷热。

**Step3**

拉深后的阳台，天地壁都贴覆耐候的壁材。灰色玄武岩石墙的后方就是洗衣间。

# ❸ [ 水电工程 ]

基于使用动线的合理性,将卫浴间从屋子最后方的角落迁移到中段的位置,光是马桶就北移了超过 8 米。由于新的卫浴间位于完全没有进、排水管线的区域,得衔接旧有的管线再拉出新的配管。自来水的进水管较无疑虑,排水则要留意泄水的斜度;但只要有拉出斜度,水管的泄水多半没什么问题。最需花心思的是马桶的粪管。倘若粪管的泄水斜度不足就很容易堵塞。屋主虽看不到粪管,但若粪管没配置好,绝对会影响到居住者的日常生活。因此,迁移卫浴设备的案例中,粪管该如何拉出足够斜度,很考验设计师的功力。

**Step1**

拆掉全屋的隔间墙,重新调整格局。

**Step3**

完工后的新厕所,干爽、舒适的环境让人完全不会想到管线的问题。图左玻璃墙后是湿区的淋浴间。

**Step2**

（浴室里）　（客房里）

选用埋壁式马桶,让粪管在起始处变得比较高,因此地板不必垫得很高。图中,墙面已埋入马桶的水箱,蓝框底端中央黑色部分就是粪管的接口。

---

老屋装修
**小知识**

**Q:** 听说,卫浴间移到新位置得垫高地板以制造泄水的坡度;此案为什么能长距离地迁移卫浴间?

**A:** 关键就在马桶的种类!当马桶要变动位置时,新的粪管也得经过原先的粪管来衔接整栋建物的化粪设备。一般的接地式马桶,粪管埋在水泥地板里;因此,当迁移超过一定距离,就得透过垫高地板（垫高马桶）的方式来制造粪管的斜度。而此案之所以能跨长距离地迁移卫浴空间,是因为一开始就选用埋壁式马桶,粪管的起始位置比较高。因此,即使马桶移动了 8 米之远,也不必担心斜度会不够。另外,厕所隔邻的客房,为了遮盖走明管的排水管与粪管而铺设了架高木地板与收纳橱柜。

## ② Couple 爱的小屋风格翻新大不同

### THE COUPLE LOVE WORLD
# 整合墙面机能，
# 狭长小窝大翻身

**房屋基本资料**

- 39.6 平方米
- 公寓
- 2 人
- 1+1 房 1 厅 1 卫
- 30 年屋龄
- 主要建材：钢刷梧桐木、系统柜、油漆、超耐磨地板、南方松、板岩
- 虫点子创意设计·郑明辉

这间位于一楼的 30 年老房子，是屋主要结婚时，老人家整理好送给他们当新房使用的。但是才新婚不到半年，整个空间就因为堆满生活中的杂物而显得杂乱。虽然门口有块小小的骑楼可兼停车位，但传统的长型街屋形式再加上实际只有 39.6 平方米的空间，实在不够用，只好找来专业的设计师帮忙。

**老屋状况说明：**

如大而无当的玄关区将客厅挤到房间里、每次都要隔着洗衣机煮东西等，生活就在恶性循环中度过。39.6 平方米大的狭长型街屋，仅有前后采光，再加上 30 年的屋况，中间还隔两间房间，后面为厨房、卫浴，更显空间局促且昏暗无比。随着生活而添加不同形式及大小的活动橱柜收纳，更让空间显得杂乱不堪，于是收纳空间不增反减……甚至整个生活机能完全被扭曲，相信是每个"家"所遭遇的困扰吧！更别提一楼空间常会遇到的地潮，导致物品容易发霉或壁癌等问题。

**老屋问题总体检：**

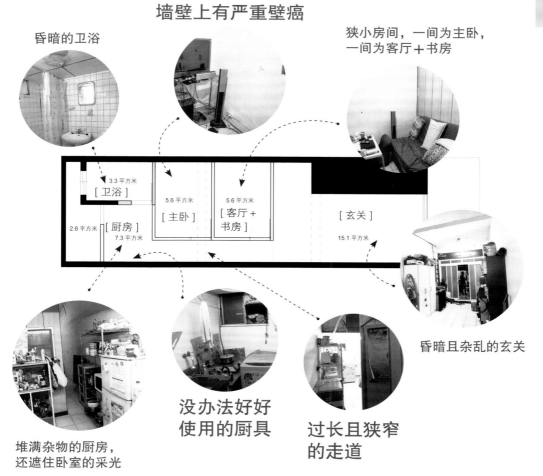

昏暗的卫浴

墙壁上有严重壁癌

狭小房间，一间为主卧，
一间为客厅+书房

3.3 平方米
[ 卫浴 ]

5.6 平方米
[ 主卧 ]

5.6 平方米
[ 客厅 +
书房 ]

[ 玄关 ]

2.6 平方米 [ 厨房 ]
7.3 平方米

15.1 平方米

昏暗且杂乱的玄关

堆满杂物的厨房，
还遮住卧室的采光

没办法好好
使用的厨具

过长且狭窄
的走道

**最困扰屋主的老屋问题：**

| | | |
|---|---|---|
| 格局不佳，导致生活功能被扭曲 | ●●●●● | 因门口堆满家人杂物，导致其中一间房间被当作客厅及书房使用。并且没有餐厅，要窝在客厅吃饭，每次读书及工作要挤在角落处理，炉具因卡着洗衣机，都不能好好使用 |
| 采光不佳 | ●●●●○ | 因为位于一楼再加上前后被铁门及墙围起，使得白天也要开灯才行 |
| 收纳不足 | ●●●○○ | 家里实在太多东西，导致走到哪里都会撞到 |
| 管线更新 | ●●○○○ | 30 年老房子希望管线更新，安全为上 |

### 屋主想要改善的项目

1 希望能有正常的生活模式，别再挤来挤去地迁就过生活。

2 希望有自然采光进入，空间明亮且宽敞。

3 收纳多一点，并希望能将所有物品都隐藏起来。

4 全屋管线全面更新。

## 沟通与协调　Communication and coordination

### 沟通协调后的设计师建议

**1** 将所有空间机能全部集中在一侧，如鞋柜、电视柜、衣柜等，释放最大的使用空间。

**2** 不做隔间，**改以地板的高低差来区隔空间定位**，同时未来也可以运用拉门或落地帘来做弹性区隔，较为方便。

**3** 因年轻屋主预算有限，建议用部分系统橱柜取代木作，省掉油漆与烤漆费用。

**4** 30 年以上的老房子，为安全起见，全部水电要重新拉管，并确认回路及开关安培数等。

**5** 原有厕所加大，嵌入式浴缸、干湿分离、四合一，让卫浴空间更干爽，舒适。

---

**老屋装修小知识**

**Q**：老屋装修小知识：老屋的配电及回路如何计算？

**A**：30 年以上的老房子的配线多为 1.2 毫米，早已不复使用，因此一定要全面改为 2.0 毫米，并且最好依屋主使用习性、家中电流量大小及空间去设计回路，并加装配电盘上的系统零件，像是无熔丝开关、稳压器、漏电断路装置等。另外，电线主回路也建议扩充到 30 安培，并依需求分为 4 ~ 6 个回路，每个回路最大容量为 15 安培。

---

将所有的房间及
卫浴隔间去除

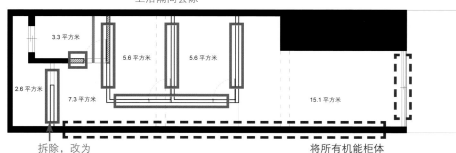

改为两片
大面积的
雾面玻璃
落地拉门

拆除，改为
雾面玻璃拉门

将所有机能柜体
整合在这面墙

 ■拆除　■增新墙　■其他　　Ing 平面图

# After and results

## 改造成果分享

### 开放式设计整合空间机能，
### 仅用高低差地板界定分区

　　由于传统的长型街屋，狭长的空间让动线及隔局都难以规划，但因为屋主的需求不多，仅要求具备收纳功能及明亮的空间设计，因此在与屋主充分沟通后，决定用开放式设计处理整体空间，从玄关、客厅、餐厅兼书房、主卧至厨房都没有隔间，仅卫浴空间保留实墙隔间。

　　运用地板高低差及不同材质来区隔空间定义，如从骑楼的南方松延伸进来的架高玄关地板，然后降5厘米为餐厅至客厅的区域，至主卧则再升高10厘米一直延伸至厨房及后阳台。

## 整合柜体在同一墙面，将空间释放

　　然后在机能上，将所有柜体集中在空间的同一侧，以释放出最大空间，避免制造出过多无用的走道。从一进门开始，鞋柜、书柜、电视柜、衣柜、厨具柜，整合在同一道墙上。并透过柜体的机能设计做深浅变化及表面材质的相互搭配，如 60 厘米深的玄关柜用白色烤漆，搭配 40 厘米深的梧桐木书柜及电视柜形成，而电视机体柜则下沉至木地板上延伸至主卧区，也便于整理，然后再接 60 厘米深的衣柜及厨具柜。于是利用这些柜体做出虚实切割，缓解整排高柜的压迫感，同时也制造出视觉上的层次感。

## 利用梧桐纹路及柜体沟缝线条，为空间带来表情

由于空间小，因此天花设计趋向单纯化，仅用线条及灯带引导视觉贯穿至后方。客厅区的沙发更是量身订制，让空间比例趋于完美。简单的餐桌定义餐厅位置，同时也可做书桌。

于是整个空间的视觉焦点，便落在柜体上，透过梧桐木柜体的自然肌理，以及书柜与玄关柜的柜体穿插细部，还有刻意做深的层板书柜，让屋主在放书之余，还可以利用前端空间放置一些小玩具、公仔或旅行时购买的纪念品。而柜体沟缝的暗把手及柜体中间的小平台，让屋主可以放手机、钥匙、植栽、装饰品，也让柜子变化出更多表情及层次。

Before 平面图

After 平面图

# 之前之后对照一览

**Before**

**After**

客厅

原来入口堆满杂物的地方，在经过巧手规划后，变成玄关、餐厅兼书房及客厅，**所有收纳机能也全部靠墙面放**，让空间显得更宽敞，而且加大落地窗的设计，让前面采光得以进入室内。

主卧

原本的 5.6 平方米要规划主卧的床，又要挤下电视设备，实在有限。但改造后的空间，采用开放式设计，仅用地坪区隔空间界定，让主卧可以更显宽敞，**无隔间设计**，让人躺在床上也能观看电视，十分便利。

餐厅
兼书房

原本的书房是挤在房间的小角落，通过开放式设计，**将书房与餐厅结合**，摆放在客厅与玄关之间的转圜空间，并搭配由鞋柜延伸至电视柜的中间空间规划书柜，让功能与美感兼备。

**走道**

过长的走道及隔间使空间昏暗，通过开放式设计，**将功能集中在一侧**，使空间解放出来，将走道也化为无形，不但压迫感全无，连空间也变得更为明亮！

**浴室**

传统潮湿昏暗的卫浴在通过加大后，不但可以**容下嵌入式浴缸**，并做干湿分离，还能做全室板岩设计，让卫浴空间更有质感且舒适。

**厨房**

由于屋主年轻，且在家做饭的机会也不多，因此厨房不用大，透过简单的一字型厨房设计，**整合在衣柜旁**，就可以满足使用机能。至于洗衣机，就让它到后阳台去吧！

# 重点施工流程

## [ 木作与系统柜结合的施作工程 ]

木作及系统柜各有各的优缺点，如木作造型活泼灵活，但施工费高；系统柜较制式化，但费用较低，且可以省掉油漆的费用及时间，大大缩短工时等。因此如何结合两者的优点在空间展现，十分挑战设计师的功力。本案因为预算的关系，因此建议屋主部分用木作，部分用白色系统柜及厨具做结合，将机能统一整合外，透过柜子的交错安排及颜色搭配，让整面墙不只是具备储存功能，也兼具美感。

**Step1**

泥作退场后，木作进场，先处理需要造型及特殊设计的电视柜、玄关柜、书柜、天花板及架高木地板。

**Step2**

玄关系统柜60厘米深，是书柜的支撑面，所以先做筒身，而里面的层板则是用系统柜及五金搭配以节省预算。

**Step4**

木作完成，上完漆后，做保护工程，以便进行其他施工。

**Step3**

木工可以呈现的45度斜角抽屉把手及门片的立面层次及沟缝把手。

**Step5**

厨具进场。

**Step6**

系统柜进场。

**Step7**

系统简身架好后，进入层板及五金门片架设阶段。

**Step8**

柜体结合完成。

Before

**房屋基本资料**

- 165.1 平方米
- 独栋透天
- 2 夫妻
- 2 楼 2 厅 6 房
- 20 多年屋龄
- 主要建材：梧桐木皮、台湾桧木（回收）、橡木皮、抛光石英砖、海岛木地板
- 六相设计·刘建翎

# THE COUPLE LOVE WORLD
# 为退休两夫妻量身定做的世外桃源

　　屋主是一对刚退休的夫妻，房屋为新购入作为退休自住用，所以自然得重新翻修一遍以符合两人需求。因两层楼加起来有 165.1 平方米大但仅有两人居住，所以希望每个空间都尽可能地可以互相串连互动，让两人的生活作息不会因为空间过大而造成隔离或疏远。

## 老屋状况说明：

　　此老屋是位于新店山上的独栋别墅建筑，有种置身郊区的宁静感。

　　老屋的面积不小，两层楼加起来约 165 平方米。一楼户外有造景，客厅也有落地的大窗，但由于隔间过多而且空间配置不当，屋内许多角落一样没有光线而显得阴暗。另外因为地处山间，潮湿问题相当严重，尤其是一楼，许多墙面都有壁癌，大理石地砖也都布满水痕。

老屋问题总体检：

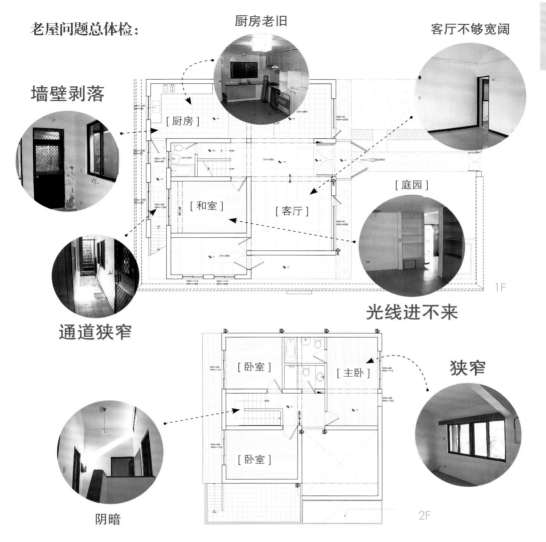

厨房老旧

客厅不够宽阔

墙壁剥落

[ 厨房 ]

[ 和室 ]

[ 客厅 ]

[ 庭园 ]

1F

光线进不来

通道狭窄

[ 卧室 ]

[ 主卧 ]

狭窄

[ 卧室 ]

2F

阴暗

## 最困扰屋主的老屋问题：

| 格局 | ●●○○○ | 一楼隔间太过零散，两人使用上并不实用，另外厨房和餐厅的设置相当传统，在最里侧最潮湿阴暗的位置 |
|---|---|---|
| 采光 | ●●○○○ | 虽然原屋的客厅有整面的落地窗，但是因为隔墙过多，只有客厅是明亮的，而光线没有分散到其他空间，整体还是给人阴暗的印象 |
| 潮湿 | ●●○○○ | 因为位于山间，潮湿本来就较难避免，一般老屋常见的壁癌问题等在此屋中更为严重，另外地板也有潮湿的问题无法继续使用 |

### 屋主想要改善的项目

1 希望在做自己手边事的时候，也可以随时看到另一半。
2 先生要有植栽的发挥地方，太太则要有专属的琴室。
3 餐厨希望移到房屋接近中心的位置，并改为开放式。
4 希望室内各空间光线都要充足。
5 能依两人的喜好量身塑造风格。

## 沟通与协调 | Communication and coordination

### 沟通协调后的设计师建议

*1* 为满足屋主希望时刻交流的愿望，设计师觉得最好的方法就是**尽量减少屋内的隔墙**，让视线可以穿透而不受阻碍；像是在客厅沙发坐着就可以看到厨房中做菜的另一半，太太在琴室练琴也可以看到先生在餐厅中用餐等，不会有各自闷着头在密闭空间中做事的孤独感，随时可以看照另一方也比较放心。

*2* 设计师为喜欢种花种草的先生**重新安排了庭院的造景**，依先生的偏好量身定做，并建议填掉不好照顾、容易不卫生的水池；室内则在连接二楼的楼梯下方，设置了美观且方便照顾的水晶植栽。太太的**钢琴室放在一进大门的位置**，旁边有休息室可以让来学钢琴的学生休息，钢琴室特别设成冷房，能够调节温湿度，是为百万钢琴的专属设计。

*3* "以餐厨为家的中心"的设计是近年室内装潢的趋势，本案也是一样，为此大大变更了旧屋的餐厨位置，并改成**全开放式设计**。

*4* 响应第一项，当室内隔墙减少，室内光线也比较不会受阻碍而直接穿透，**整体提升室内的明亮度**。

*5* 沟通之后，发现两夫妻喜欢**质朴自然的装潢风格**，此风格正好是近年来流行且很能带出质感的方向。

**老屋装修 小知识**

**Q：家中有钢琴，室内装潢时需要注意什么？**

**A**：钢琴有七成由木材组成，而木材跟人体一样，会随着室内温度、湿度升降而起相应的变化，经常骤升骤降会损害钢琴的寿命。平时应保持室内之温度、湿度稳定，理想湿度为20℃～23℃，而相对湿度为60%～70%。

因此家中有钢琴时，需要特别留意钢琴房的空调设备，以维持对钢琴最佳的保养温湿度。另外，有些人会特地加装隔音墙来做隔音。

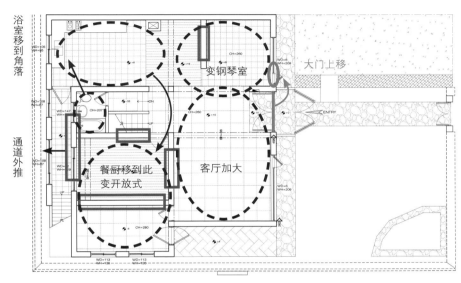

浴室移到角落

通道外推

变钢琴室

大门上移

餐厨移到此变开放式

客厅加大

1F 平面图

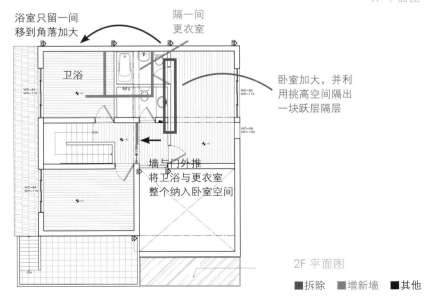

浴室只留一间移到角落加大

隔一间更衣室

卫浴

卧室加大，并利用挑高空间隔出一块跃层隔层

墙与门外推将卫浴与更衣室整个纳入卧室空间

2F 平面图

■拆除　■增新墙　■其他

# After and results

## 改造成果分享

### 更改大门入口，180度空间大翻转

　　不同于一般家庭一进门是客厅的格局，此户一进大门，迎面而来的是太太的豪华钢琴室及学员休息室，一旁才是拥有整面庭园景观玻璃墙的客厅。这样布置的优点是，客厅成为比较私领域的区域，而琴室因为偶有学员出入，放在最外侧也比较合适。餐厨从最靠里侧移到客厅旁的房屋中心位置，浴室则改到里侧，整个空间依使用者需求进行大挪移。

## 钢琴专业·植栽兴趣

　　屋主太太现在还是持续教授钢琴，家中的琴室就是最佳的钢琴教室，紧邻的客房沙发床平常收起就是沙发，可充当学生的休息室。钢琴室和客厅间设置了一整面铝框玻璃拉门，特别创造钢琴室的冷房效果，维持百万钢琴的最佳温度、湿度，另外天花板里还另加装了一台吊隐式的除湿机，配合落地式的除湿机一并使用。

　　先生的兴趣则是栽种植物，室外的一片绿地正好是先生梦寐以求、大显身手的场地，客厅外的造景全部重新做过，水池则因为照护不易而建议填掉。另外屋内还设置了具装饰效果的水晶植栽。

## 山上的潮湿大作战

　　一楼旧的大理石地板因为山上潮湿的关系，布满了水痕，整个打掉重铺抛光石英砖，二楼卧室则是用海岛木地板，并装设有地暖设备，以应付山上冬季的低温。

　　一般公寓碰到壁癌问题时，如果栋距太小会较难完善处理而只能消极防堵，此老屋的壁癌处理是完整的内外施作，彻底改善了老屋的潮湿状况。

## 少了隔间，让人更亲密——全开放式的互动场域实现

一楼拆掉了三四道墙，厨房、餐厅不仅位置大位移，并改造成全开放式的中岛厨房。毕竟做菜的时间长，一个人在小厨房埋头苦干是蛮闷的，移到房屋中心之后，做菜变成最快乐的事情，环境优美之外，随时可以看到另一半，就算对方也在做自己的事，也有陪伴的效果。

一楼的墙面几乎全部拆除，有些不能拆的零碎墙面（承重墙）和梁柱，为免在全开放式环境下显得突兀，巧妙地装饰成室内装潢功能的一部分（神明柜、CD 柜等）。

### 真正迎光线进入屋内各个角落

一楼接二楼的阶梯，保留原踩踏部分的架构，而将旧扶手拆掉改成开放式的，营造出视觉上的开阔感，要让光线更有穿透力，使楼梯空间明亮。

二楼的部分，将原先有些浪费的大梯间改小。斜屋顶上的红瓦改成采光罩，主卧的窗户改为更大扇的落地窗。

## 让老年生活更舒适

    屋主 50 多岁就退休了，不过这间养老的老屋还必须陪伴两夫妻度过数十年的光阴，在设计时不得不照顾到居住者年老后的生活。在设计师的建议下，屋内两层楼的所有走道都有特别做了加宽的设计，以防以后如果有需要用到轮椅或行走器通行时使用。

---

**老屋装修 小知识**

**Q：什么是水晶植栽？**
**A：** 水晶植栽是指用水晶土栽种的盆栽。这种水晶土被广泛运用在装饰、园艺、盆栽上，因为其卫生、美观，又能长期保水不需经常管理的特性，常见在室内使用。
水晶土实际上是一种营养添加剂，经过加工后成形，是一颗颗晶亮透明的水晶粒状，并呈现五颜六色。主要原料为淀粉、纤维素、海藻胶等天然植物提取物。水晶土具有高度的保水保肥能力，可持续为植物提供水分和肥料，富含植物生长所需的氮磷钾肥和珍贵的稀土元素。

Before-1F      After-1F

Before-2F      After-2F

# 之前之后对照一览

**Before**

**After**

客厅

窗户换成一整面的大尺寸，变身为**更明亮更具宽敞视觉效果**的客厅，屋主十分满意。

餐厨

**一扫阴暗封闭的厨型**，客厅的大窗直接为餐厨空间带来明亮采光。

楼梯

光是将楼梯扶手改为**镂空式**，就让楼梯间的明亮度和印象不大同。

主卧

主卧窗户改大，床尾的梳妆台专属于太太，而一旁新加的**挑高隔层**则是先生的秘密基地。

# 重点施工流程

## ❶ [ 拆除工程 ]

后方通道。

客厅与餐厨空间之间拆除隔墙做开放式处理。

## ❷ [ 零碎墙面应用 ]

为怕留下来的零碎墙面和梁柱在开放空间中显得突兀，设计师巧妙地将
其装饰成室内装潢的一部分，照片中左边墙面上的立柜为 CD 柜，而右
边原木色的则为小型的神明柜。

CD 柜与神明柜。

拉下之后，就变成小型的神明柜。

# 特别附录／保留好用的旧东西

**❶ 旧家桧木隔墙变成新家客厅装饰墙面**

台湾桧木因为稀少，是具有极高经济价值的高级建材。桧木本身具有浓郁的香气，还有不易被虫蛀、千年不腐朽的木材特性，很适合用作建材、家具、盆栽等用途。在旧屋中遇到台湾桧木建材时，直觉一定要留下这项珍贵的建材，至于要如何运用在新装潢中，则需要详细规划。

六相的刘设计师的做法是，将此建材小心拆卸下来，把原来的白色漆抛掉，呈现木头原来的质感与颜色，再细心裁切研磨成一样的大小，嵌入新屋的客厅主墙，不着痕迹地展现出全新的原木风貌。

## 台湾桧木小档案

红桧与扁柏混合生长而成的树木，称为"台湾桧木"，多分布在海拔 1500 ~ 2150 米的高山地带。全世界只有少数地区有生长，像是北美洲的东海岸、西海岸，日本和中国台湾等。中国台湾位于桧木生长界的最南端，也是唯一拥有台湾桧木的亚热带气候国家。台湾桧木能够传承百万年以上，是最珍贵的森林资源，目前发现最高龄的神木有 2300 岁。

台湾桧木是扁柏属植物，本身具有浓郁的香气，而且不易被虫蛀、千年不腐朽，非常适合被用作建材、家具、盆栽等用途，拥有极高的经济价值。

因为从前的过度开发与砍伐，使累积 90 年只能长出 1 立方米的台湾桧木，有濒临绝种的危机，现在政府已经明令禁止砍伐。然而，为了广大的爱好者、收藏家，许多业者会从庙宇或其他旧料回收再利用，让珍贵的台湾桧木得以成为居家摆设的精品家具。

## ❷ 窗花变墙面装饰

以前的老建筑总是会有一些极具设计趣味的窗花或是门板，曾经看似老气，但是在复古潮流中有越来越多人像是挖宝似地发掘出这些老件进行再利用，除了一般住家，连咖啡厅等商业空间也兴起这股风潮。

本案中，设计师便发挥了保留美学价值的精神，将有设计感的老窗框加工再利用，摇身一变为新居的墙面装饰。

## ❸ 匾额变茶几

因为是老家极具纪念价值的匾额，屋主怎么样都想要保留下来，但要如何将其融入新的装潢设计中是个挑战，像在老屋中一样挂起来会有点突兀，后来讨论出的结果是把实木的匾额做成茶几的桌面，安装上桌脚后，就是客厅一张深具纪念价值又兼备实用性的桌子了。

**房屋基本资料**

- 99.1 平方米
- 电梯大楼
- 年轻夫妻 2 人
- 3 房 2 厅
- 25 年屋龄
- 主要建材：瓷砖、木纹砖、文化石、超耐磨地板、天然木皮、系统家具、系统板材、玻璃
- 浩室空间设计·邱炫达

## THE COUPLE LOVE WORLD

# Loft 咖啡厅风格住家大实现，新婚夫妻美好未来的起点

买下这间老屋的，是一对年轻夫妻，Charles 和 Joyce 原本都在台北工作，后来担任电子工程师的 Charles 因缘际会地找到一份有前景的桃园工作，两人开始动了搬来桃园的念头。这间老屋是两人共组家庭的一个起点，两人将自己各自的生活习惯和喜好融合在一起，并将这些想法注入装潢之中，期待一个美好的未来。

### 老屋状况说明：

当初会喜欢这间老屋，主要是地点离两人公司都不远，上班只需 10~20 分钟，离火车站也近；另外附近公园多，身处九楼的高楼层，每个窗户看出去都是绿地，令人有置身自然的愉悦感。此老屋格局方正，采光和通风都良好，标准的三房二厅格局，除了前后两个阳台外，书房也有一个阳台。主卧室的窗户旁有渗水需处理。除此之外，屋主对此老屋的条件已算十分满意。

**老屋问题总体检：**

**白墙白砖无风格**

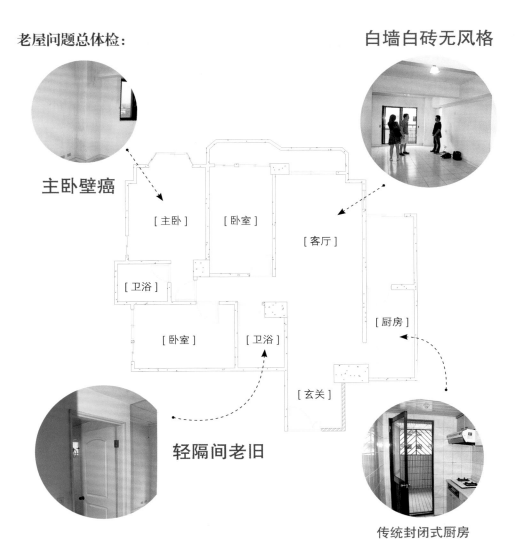

**主卧壁癌**

[主卧]　[卧室]

[客厅]

[卫浴]

[卧室]　[卫浴]

[厨房]

[玄关]

**轻隔间老旧**

**传统封闭式厨房**

## 最困扰屋主的老屋问题：

| 壁癌 | ●●○○○ | 主卧八角窗旁有壁癌及渗水现象，用肉眼就可以看得出来白墙上的痕迹 |
|---|---|---|
| 轻隔间 | ●●●○○ | 此栋大楼的所有隔墙都是隔音较差的轻隔间，而且轻隔间墙也比较没有办法钉挂重物 |
| 格局 | ●○○○○ | 标准3房2厅格局，主要厨房一样是传统封闭式厨房，会让在厨房中作业的人感觉较拘束 |
| 风格 | ●●●○○ | 较无特色的白墙白砖印象 |

**屋主想要改善的项目**

1 很喜欢待在咖啡厅，希望借由装潢，将家中营造出咖啡厅舒适放松的氛围，以后在家待再久也不会腻。

2 卧室空间较小，要以机能收纳功能为主，让东西都能收好不外露；交谊及其他功能都拉到较宽敞的起居室。

3 因为家中只有两人，只需一间卧室，第二间房希望做成客房并预备做儿童房使用，第三间房则做成书房。

## 沟通与协调 Communication and coordination

 **沟通协调后的设计师建议**

1 关于屋主喜欢的风格，就是现今最流行的 Loft 风，客、餐厅的部分，设计师建议可以用**文化石仿砖墙塑造复古质感**，再以沉稳的大地色系色调装饰其他墙面，家具的部分则以简洁为主。另外，餐厨房建议做成开放式的空间，会让家里更宽敞，更有休闲放松的感觉。

2 主卧除了大容量的衣物柜之外，另设置了**整面半身的储物柜**，希望使生活杂物都有归位的地方，收纳空间大幅提升，家中自然不显杂乱。

3 房间共有三间，此部分**保留原有隔间不做改动，在固定的空间中做妥善的使用规划**。主卧室选择做在最大、采光最好的一间，第二间较小的房间依屋主的希望做成客房，未来也可弹性留作儿童房使用，第三间书房内的沙发床在较多客人需要留宿时派上用场。三间房都以相同的悠闲舒适风格做统一，但毕竟是休憩的场域，用色建议较柔和不像客餐厅这么强烈。

**老屋装修 小知识**

**Q：砖墙与轻隔间有什么不同？**

**A：**

**砖墙**

砖造墙的优点在于隔音较好，可随意钉挂柜体或电视，但施工时污染性较高，价钱也比较贵。

**轻隔间**

价格较便宜，重量较轻、厚度薄，较不会造成房间结构上的负担和空间上的浪费，但缺点就是要钉挂重物时必须要另外加强结构。

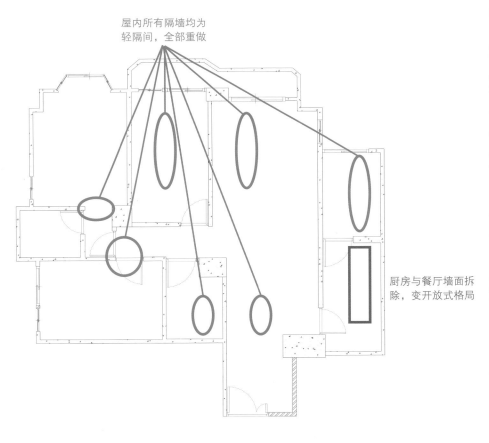

屋内所有隔墙均为轻隔间，全部重做

厨房与餐厅墙面拆除，变开放式格局

■拆除 ■增新墙 ■其他　　Ing 平面图

# After and results
## 改造成果分享

### 沉稳 Loft 风的经典之作

此案是典型的 Loft 风格，以深色调为全屋塑造沉稳、个性的感觉，设计师巧妙地以总共八九种颜色运用其中，虽然色调丰富但是一点都不凌乱，而是让观者在和谐的同调色系中享受充满层次的视觉感受，是相当富趣味的设计。

**老屋装修小知识**

**Q：最近常听到的 Loft 风究竟是什么意思？**

**A：** Loft，字面上的意义是阁楼或仓库，有种粗犷、自然的艺术氛围。

通常，Loft 会是隔间少、没有特定空间划分的开放空间。Loft 空间有相当大的灵活性，能够不被已有的结构或对象限制住，随心所欲地创造出自己梦想中的居家生活空间。

### 舒适放松的起居室

客厅主要的焦点在文化石复古砖墙，从客厅电视墙面一直延伸到整个餐厨空间，都使用深色复古色的文化石，营造出相当有怀旧风格的氛围。电视柜、层架，还有沙发和地毯都是造型相当简洁的设计，以衬托出墙面，另外英伦风的三层抽屉柜也有画龙点睛的效果。大地色系墙壁与木纹地板相当调和，俨然是一个让人舒适、放松的居家空间。

**老屋装修小知识**

**Q：什么是文化石？**

**A：** 文化石在 Loft 风或乡村风的室内装潢中常见，仿石材做出外露砖墙的粗犷风格，是近年来十分流行的室内装潢建材。

颜色种类有砖头原始的砖红色，或者接近石材的灰紫色等。由于文化石砖的表面是粗糙面的、如石灰岩一样、吸水率极高，所以希望呈现白色墙面时，可以选取白色的油性漆直接上色。

## 没有隔间的大空间

　　没有人喜欢在压迫狭小的空间久待，宽敞的大空间是令人感觉舒适的一大因素，因此在居家空间的规划上更是以此为目标。这间屋子从大门一进来，就可以直接看到餐厅并直线透视进客厅空间，让人感觉直接而舒畅，让两个空间连成一个大空间，不论在视觉上或是实用性上都很够分量。另外从餐厅位置往里看，也可直线看到里侧的开放式厨房。

## 越来越简洁的家具，一扫人们对过度精致化的审美疲劳

　　不论是置物层板、电视柜，还是书架、储物柜，全部都是采取简单设计造型，设计师认为，只要质感是对的，简单的家具反而比精致的家具更能烘托出空间的气质，尤其在 Loft 风中更明显。退一步看整个装潢的潮流也是如此，过度精致化的设计已经不符合现代的潮流，忙碌的现代人在外面奔波一整天之后，希望回家的巢应该是简单而温暖的，让人的感官和精神都能彻底地卸下包装，更自然更舒适。

## 完美开放餐厨实现

　　餐厅上方设计师设置了装饰性的不规则木条，让餐厅空间不会流于单调，又能有区隔客、餐厅空间的功能。厨房的上下方厨具采用深色木纹柜体，中段的排油烟机与用具、挂钩等则带出不锈钢的金属现代感，复古与现代的结合不但没有冲突感反而具有前卫的美感。

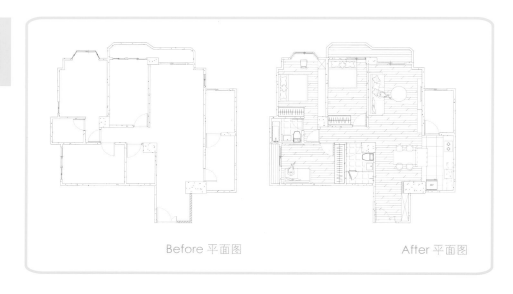

Before 平面图　　　　　　　　　　After 平面图

## 之前之后对照一览

**Before**

**After**

客厅

原来是再普通不过的白砖白墙。**风格强烈的墙壁和地板处理**让客厅 180 度大转变。

餐厅

将厨房的**隔墙打掉**，和餐厅变成开放式的一整个空间。

**主卧**

休憩之外，有效利用空间做**隐藏式收纳**，让杂物有效归位。

**客房**

设计简单的客房，不同的墙壁色系，一样延续整间屋子的 Loft
氛围。

**书房**

将窗型冷气孔补起来，换上分离式
冷气；**深绿的墙面与木纹地板相映
照**，带出书房的气质，透过百叶窗
的阳光从阳台柔和地洒进室内。

# 重点施工流程

## ❶ [ 隔墙工程 ]

**Step1**

将旧的轻隔间拆掉。

**Step2**

重新架 C 型钢。

**Step3**

铺上隔音棉。

**Step5**

完成前的最后处理。

**Step4**

最后铺硅酸钙板。

## ❷ [ 贴砖工程 ]
二丁挂

**Step1**

户外二丁挂的修补。

**Step2**

贴时注意间隙的一致。

# 文化石

**Step1**

水电管线需先配置好再贴砖。

**Step2**

文化石多贴横向并错落，仿砌砖型态。

# 壁砖

**Step1**

平整地涂覆黏着面。

**Step2**

留意平整度。

**Step3**

砖片较大但仍考验技术。

---

老屋装修
**小知识**

**不同砖的贴法。**
- 文化石：属于装饰效果的砖石，使用益胶泥做黏着剂，可直接贴在水泥墙上，或者贴在原有的平整砖墙上即可。
- 壁砖：需要上水泥＋海菜粉来固定在墙上。

房屋基本资料
- 79.2 平方米
- 公寓
- 2 人
- 3 房 2 厅 1 卫
- 30 年屋龄
- 主要建材：清水砖墙、抛光石英砖、超耐磨木地板、轨道灯、玻璃、木皮
- 尤哒唯建筑师事务所·尤哒唯、林佳慧

## The Couple Love World

# 解除多梁柱的压迫感，享受有高度的悠闲生活

　　因为要结婚，所以年轻的屋主两人每天都在看房子，在预算有限的情况下，终于看上这栋屋龄超过30年的老屋。由于前屋主之前装潢过，而且屋况保持得不错，再加上附近的生活节奏很好，地域也有利于未来孩子的学区规划，因此屋主第一眼就喜欢上了，决定要在此成家立业。但由于楼板很低，让人感到压迫外，对于房子隔局，屋主也有自己的想法，因此找来专业的设计师协助。

### 老屋状况说明：

　　由于前屋主保养得很不错，再加上位于 16 层楼高，无论通风或采光都还不错，因此并没有老屋常见的壁癌或漏水问题。但是由于是国宅式的集体住宅建筑，梁下十分低，仅 220 厘米而已，让人一进空间容易感到压迫感。

　　虽然是标准的三房两厅，但对于才 79.2 平方米的空间格局来说，每一个房间都小小的，当未来有小孩后，在使用上会十分不便。另外，虽然每间都有采光，但外推凸窗都小小的，反而有距离感及压迫感。虽然前屋主有装潢过，但是为安全起见，仍建议更换全屋的水电管路。

**老屋问题总体检：**

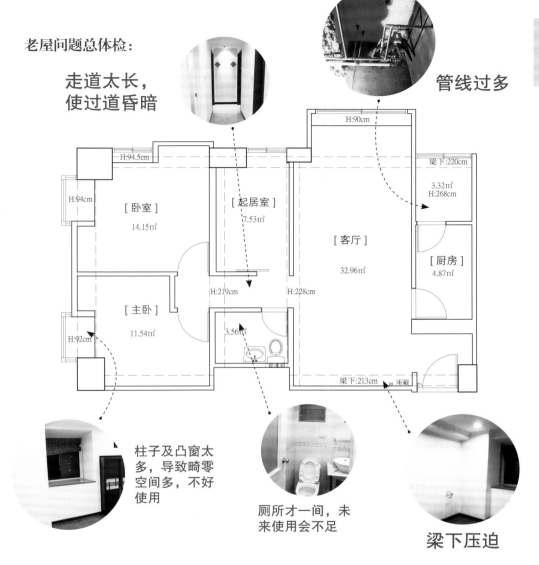

走道太长，
使过道昏暗

管线过多

H:94.5cm

H:90cm

H:94cm

梁下:220cm

3.32㎡
H:268cm

[ 卧室 ]

14.15㎡

[ 起居室 ]

7.53㎡

[ 客厅 ]

32.96㎡

[ 厨房 ]

4.87㎡

H:219cm

H:228cm

[ 主卧 ]

11.54㎡

H:92cm

3.56㎡

梁下:213cm

电箱

柱子及凸窗太
多，导致畸零
空间多，不好
使用

厕所才一间，未
来使用会不足

梁下压迫

**最困扰屋主的老屋问题：**

| 梁低、柱子多 | ●●●●○ | 感觉十分压迫，再加上畸零空间多，不知怎么运用才好 |
|---|---|---|
| 厕所不够用 | ●●●○○ | 考虑未来还有孩子会加入的问题，希望能多一间厕所，方便使用 |
| 房间格局不佳 | ●●●○○ | 虽然是标准的三房两厅，但每间都小小的，希望能有间开放式厨房及书房，同时主卧能大一点 |
| 凸窗多 | ●●○○○ | 虽然每间都有窗，采光不错，但是凸窗都小小的，反而有距离感及压迫感 |

**屋主想要改善的项目**

1 希望整体空间看起来更为宽敞，不要有压迫感。

2 希望能多一间卫浴，并有开放式厨房及一间书房。

3 考虑未来孩子的到来，顾及婴儿车在空间里的移动便利及未来小朋友爬行的安全，希望地板要平。

4 收纳要充足，尤其屋主拥有上千张 CD。

5 因为前屋主屋况保持不错，因此想用最少预算施工设计。

## 沟通与协调 | Communication and coordination

 **沟通协调后的设计师建议**

*1* 此旧屋翻新案的现场状况在于，每个房间既有的外推凸窗都有过高的问题，在地处高楼、景观佳的条件无以发挥的情况下，因此提出了整室架高的想法。梁下十分低，仅 220 厘米而已，让人一进空间容易感到压迫感，因此在讨论后，**决定不做天花**，改用时下流行的裸梁 LOFT 风处理。

*2* 虽然是三房两厅标准格局，但原本的格局配置导致走道长浪费面积，中间采光不佳，因此建议**修改格局为二加一房**，并让主卧大一点，未来照料孩子时比较便利。并将书房改为玻璃隔间，未来可以视需求搭配窗帘多一间弹性房间。

*3* **将厨房隔间打开**，并将从厨房墙面延伸出来的吧台台面作为餐厅的桌面，也让公共空间显得更为宽敞。

*4* 原本的卫浴过大，因此**调整客浴的功能及大小**，将多出来的空间移至主卧，新增半套卫浴，以符合需求。

*5* 既要兼顾居家使用的实用性，也不能忽略收纳空间，是室内设计的一大学问，因此本案的诸多设计都暗藏玄机。例如床头板，并非只有视觉美观的功能，内里皆为**大容量的收纳区**。

*6* 本案原始的厨房格局为一字型，加上面积不大，以及老屋初始功能不齐全的关系，根本**没有多余空间置放电器柜**，才会造成厨房使用起来不顺手的问题。其实只要妥善规划，搭配合宜的厨具系统，就能轻松解决屋主困扰。

**Q：裸露天花板设计会比较便宜吗?**

**A**：答案是否定的。因为有天花板的装饰，因此天花可以省掉批土及油漆，转至天花设计上，而且管线可以用最短距离处埋串连。相较之下，裸露天花设计，必须批土及油漆外，为了美感，除了撒水头受限于消防法规无法移动，其他所有管线，包括空调及水电管路，必须沿着墙角行走，多了管线耗材及烤漆费用，价格不见得比施作天花板低。

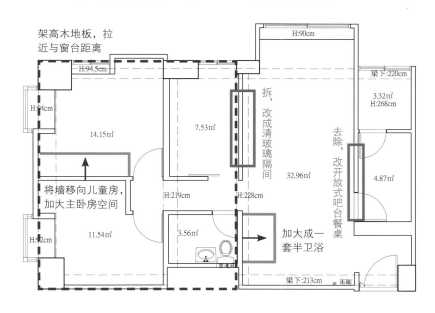

架高木地板，拉近与窗台距离

H:94.5cm

H:94cm

14.15㎡

将墙移向儿童房，加大主卧房空间

H:92cm

11.54㎡

7.53㎡

拆，改成清玻璃隔间

H:219cm

H:228cm

3.56㎡

32.96㎡

去除，改开放式吧台餐桌

加大成一套半卫浴

H:90cm

梁下:220cm

3.32㎡
H:268cm

4.87㎡

梁下:213cm 电箱

■拆除 ■增新墙 ■其他　　Ing 平面图

# After and results
# 改造成果分享

## 架高地板让视觉延伸，营造内外风景无距离

　　这间旧屋翻新的现场状况在于，每个房间既有的外推凸窗都有位置过高的问题，在地处台北市16层楼高处且景观视野极佳的条件下，却无法发挥观赏功能，因此设计师提出了整室架高的想法，并透过此手法来调整"整个空间"的高度、比例，这是本案的设计重点。

　　首先，是利用地板的阶差，凸显空间的主从关系，例如，借由架高附属在客厅旁边的书房，作为客厅使用的延续，以强调客厅、书房空间既属性独立且相互依存的关系。

## 弹性及收纳兼顾，实现多方面功能需求

其次，利用架高手法，实现多功能使用的功能需求。如架高的书房，将书桌移开或升降于架高的地板之下，就能多出一个平台或地台，作为客房来使用的多功能设计。架高地板之下做成收纳柜，也让小空间能有大收纳，且又不占空间的好处。同样的设计手法也应用在儿童房里。

透过架高地板，不但能调整、拉近人所在高度与外推凸窗台面的距离，让原本不友善的窗面缺点，透过地板架高的方式，使室内室外的连接更紧密，且能让住在里面的屋主停留在调整过的坐卧窗台上，有了可以远眺、发呆的机会。

Before 平面图

After 平面图

## 裸露天花管线设计，引导视觉动线行进

为了减轻建筑体本身楼板低的压迫感，全室采用裸露天花板设计，意外形成视觉上的动线引导，例如从玄关进到客、餐厅时，透过裸露的天花管线、轨道灯具，搭配刷白砖墙挂上屋主的摄影作品，一回到家就有轻松、随兴的感觉。

厨房延伸出来的吧台台面作为餐厅的桌面，不仅让入口进到空间的动线更流畅，这样非正式的餐吧台设计，搭配客厅的黑色地砖与厨房深灰马赛克立面，也在空间的连接与情绪的转折上，多了一点轻松且有点个性的空间对应。

## 斜坡无障碍走道设计，行进私密空间更便利

此外，从客厅到架高书房的走道处理成斜坡，让动线从公共的客餐厅，进到私密的卧室、书房时，能有更加流畅的过渡性，未来有孩子时，更便于进出。而走道的尽头处理清水泥墙，沉淀卧室休息的心情。而走道旁的书柜转角处更设置CD柜，收纳屋主收藏的大量音乐CD。

一杯茶、一本好书，放着轻松的音乐，搭配随兴的空间、流畅的动线、合宜的人体尺度，以及可与户外自然连接的设计，整个空间想要营造出的不外乎就是，一种关乎生活质量、追求自然的生活方式；也是这个老屋翻新最有趣的部分！

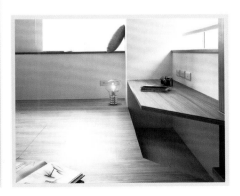

# 之前之后对照一览

**Before**

**After**

**客厅**

透过**将天花板打开裸露**，以及拆除书房及厨房的墙面，让客厅空间变得既高挑又宽敞。

**餐厅＋
厨房**

传统密闭式厨房的位置及动线十分尴尬，因此**将墙面打开**，改由吧台台面作为餐厅桌面，不仅让
入口进到空间的动线更流畅，而且搭配客厅的黑色地砖与厨房深灰马赛克立面，突显出个性空间
对应。

**玄关**

入口的转折墙面十分突兀，因此**透过柜体收齐壁面**，不但增加收纳，也把低梁问题解决。而玄关
柜的镜面门还可以充当仪容镜。

## 走道及
## 书房

传统的走道因隔间而显得昏暗，透过**书房的墙面打开**，以及无障碍的斜坡设计，让走道变得宽敞又富有变化，搭配清水泥墙端景，更能沉淀卧室休息的心情。

## 主卧

原本的儿童房改为主卧，并将墙面做调整，使得主卧不但变宽敞，并多一女主人喜欢的化妆桌台，而**架高地板设计**，也拉近床与窗台的距离，感觉躺在床上即可抬头看星星。

## 儿童房

原本的主卧改为小孩房，透过**架高木地板做收纳功能**，并且利用层板做书桌，窗台则可以坐卧其上，眺望台北市景观。

# 重点施工流程

## [ 撒水头管线变身 LOFT 风格天花 ]

受限于法规的关系，撒水头管线并不能任意更动，因此面对低楼板不做天花的处理方式，就是淡化撒水头，与轨道灯管，透过线条切割设计，把它也变成裸露天花管线的一部分。

**Step1**

拆除天花板后的裸露管线，红色为撒水头、银色为热水管、白色为冷水管。

**Step3**

**Step2**

灰色管线为电线。

仅局部空间需封天花，例如玄关、厨房等。

**Step4**

架设轨道灯。

**Step5**

调整撒水头出水位置。

**Step6**

保护轨道灯，并将所有天花管线做喷漆处理。

**Step7**

完成。

**③**

# 孩子，我要给你一个更好的生活环境

**房屋基本资料**

- 82.6 平方米
- 电梯大楼
- 3 房 2 厅 1 卫
- 夫妻 +2 小孩
- 40 年屋龄
- 主要建材：超耐磨地板、进口复古砖、定制木百叶、文化石、ICI 得利涂料
- 摩登雅舍室内装修·汪忠锭、王思文

## The Children's Wonderland

# 让孩子拥有自己的空间，40 年低矮屋变身唯美乡村风

自从 10 年前屋主夫妇结婚后便入住此屋，至今已育有一子一女。但是随着孩子的成长，屋主夫妇有感于室内格局不堪使用的困扰——儿子与女儿不能总是和自己睡在大卧铺上，他们也需要自己的独立空间。为了给孩子更好的成长环境，屋主夫妇决定改造这栋保护全家人数十年的房屋。不论过去、现在，还是未来，那份"只想给孩子最好的"的心意，终将随着整修房屋的期待中，无限绵延地传递。

### 老屋状况说明：

此屋因为屋龄高达 40 年，不只有管线老旧、壁癌滋生等问题，本身先天不良的狭长型格局，还造成无谓的空间被浪费。再加上此案仅有主卧及厨房有对外窗，采光不足的问题十分严重，连带影响室内通风。

另外，之前一家四口仅能屈就住宅格局，不得不睡在同一房间内的大卧铺。如今随着孩子的成长，他们也需要自己的独立空间，这是不容迟疑的改善事项。

功能不全的收纳空间，也是让屋主头痛不已的困扰。夫妇两人十年前结婚搬进此屋时，长辈仅进行简单的室内装修，导致收纳空间不全，家中四处呈现杂物堆积的乱象。除了改变格局，室内规划亦为本案最重要的设计亮点。

**老屋问题总体检：**

对外窗不足

收纳空间不足

机能不全

过长廊道
浪费空间

**最困扰屋主的老屋问题：**

| 采光不良 | ●●●●● | 碍于此案基地为狭长型，仅有末端两处——也就是主卧和厨房各有一扇对外窗，难以引光入室，导致白天也必须开灯、否则屋内昏暗不已的问题，也容易增加电费开销 |
|---|---|---|
| 房间数量不足 | ●●●●● | 原始格局仅有一间卧室，夫妻及两个小孩都没有自己的独立空间，完全不符合使用需求 |
| 挑高太低 | ●●●○○ | 正常楼高介于 280 ～ 310 厘米，此案仅有 260 厘米，容易对屋主一家造成压迫感 |

**屋主想要改善的项目**

1 改善采光不足的问题。

2 增加房间数量，让大人小孩都有自己的独立空间。

3 好收好拿的收纳设计，让物品各有所归。

4 解决挑高太低造成的压迫感，让家住起来更舒适。

## 沟通与协调 | Communication and coordination

 **沟通协调后的设计师建议**

*1* 既然采光不良的问题来自无法更动的外在劣势，汪忠锭及王思文设计师只能从引光的"窗户"下手。考虑到整体风格呈现的关系，最后决定采用格子状的窗型设计。一方面是格子窗的引光面积大，不易阻挡光线进行，另一方面则为格子窗本来就是乡村风十分重要的元素，而且只要适时规划，还能当作透明的装饰隔间，一举数得。

*2* 为了增加室内的可用空间，内缩了原先的主卧，并去除客厅的隔间，尽可能将全户打开形成完全开放的空间，才有多余空间规划两间小孩房。另外，开放式空间也有利于光线的引进，改善了采光不足的难题，也提高了通风的效益。

*3* 大容量的收纳空间，并不是只要在家中摆设庞大的橱柜就好：不但会浪费空间，还会严重影响视觉观感与住宅的"流动性"。设计团队费尽苦心，将收纳空间与家具做到完美的融合，发挥了"空间多元运用"的特性。

*4* 一般楼高介于 280 ~ 310 厘米，但此案仅有 260 厘米的高度，虽然并不影响居住机能，但过低的天花板仍会对人产生无形的压迫感，久而久之容易精神紧张。但是梁柱又事关建筑架构，无法说拆就拆，因此设计师只能透过内部整修及规划，延伸空间视觉，降低高度过低带来的压迫感。

**Q：关于室内高度，你该知道……**

**A**：一般室内标准高度约280~310厘米，但有些房子在装潢之后为了包梁或做天花板，会让实际的室内高度更矮一些，这点在装潢之初就要跟设计师确认，否则完工之后发现高度太矮就很麻烦了。

另外，有些房子本身室内高度会做挑高，让总高度提高为380~420厘米，让人在其中更为舒适，但是也有不少人为了争取空间而在挑高房中做夹层。以420厘米高度为例，扣掉约30厘米的楼板和地板材的厚度之后，约剩390厘米，因此夹层中常见不到200厘米的低矮设计，一般用作单纯睡觉用的空间或是储物的空间等，端看个人是否能接受。

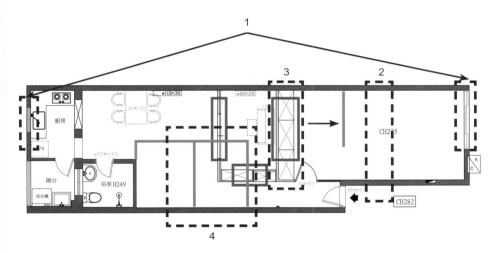

1. 窗户改用"格子状"的木窗，易于引光入室，必要时还可当作透明的装饰隔间，还能兼顾空间风格的考虑。
2. 借由主卧内缩的方式，增加室内其他区域的可用面积，并借此改善居家狭长型的格局，方便将其他空间切割得更为方正。
3. 拆除原先的客厅隔间，以完全开放式的手法增加视觉上的流畅感，兼具改善光线不足的问题。
4. 将原先狭长的廊道规划为两间独立的儿童房，且一并采用格子状的木窗，降低隔间的压迫感。

■拆除　■增新墙　■其他　　Ing 平面图

# After and results
## 改造成果分享

### 开放式手法，降低空间压迫

　　受限于狭长、高度又低的格局，不但难以引光入室，对外窗也只有两扇，通风亦不好。设计师首先拆除了旧客厅的隔间，让人一眼望去，便觉室内清爽不已，产生"室内面积变大了"的错觉，而忽略狭长的劣势；其次再采用"格子窗"的设置，不但具有引光的效果，还因为是木制窗框的关系，兼具了隔间的功能，而且还与乡村风格相呼应，激荡出"1+1>2"的巧思设计。

### 木制材质，营造温暖乡村风

　　木头是室内装潢时常见的建材，以其温润、舒适的质感受到大众欢迎。例如木地板的铺设、木质餐椅、木制窗框等，几乎随处可见木头的踪迹。唯一不同的是，这次在设计师的规划下，交织出另一种乡村居家风情，赋予木头另一种崭新的意义。不只满足了屋主的期待，也满足了我们每个人对家的向往。

**老屋装修小知识**

**Q**：我不知道怎么挑家具，怎么办？

**A**：很多人购买家具时最常遇到的问题，就是只买自己看对眼的家具，却忽略了家具的造型、颜色、材质等，都会影响空间的整体感。建议可以先挑几样自己中意的家具，再请设计师从中挑选合用的为宜。

## 雅致的配色秘密：大地色调运用

有一种电影是这样的：观看的当下没有特别感触，却在散场后的午夜梦回开始发酵，引起共鸣。设计师对本案的设计，有着令人意外的同工之妙。初见时不如其他设计师大玩色彩或造型那般让人印象深刻，却在我们认真规划自己的家的未来样貌时出现在脑海，原来秘诀就藏在平淡的浅色系——一如生活的平实，辅以大地色和乡村风家具的点缀，丰富设计的语言，衬托日常的精彩。

## 隐藏式的收纳空间

对室内设计师来说，并不是在家置放特大容量的橱柜，就叫作增加收纳空间。相反地，单一空间如何重复再利用，才是室内设计的学问。因此举凡入口处的玄关、电视墙后方、廊道与餐厅上方的橱柜、床组底部的抽屉等，这些收纳空间因为与其他家具的完美结合，不易让人察觉，才能保持视觉上的干净整齐及与空间的整体性。

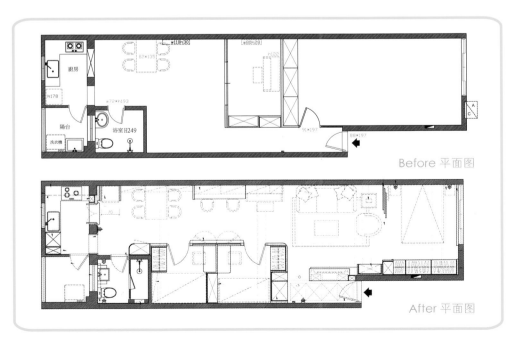

Before 平面图

After 平面图

# 之前之后对照一览

**Before**

**After**

### 客厅

装修前因为格局狭长，兼之对外窗不足的关系，日照难以投射入屋，连白天都需要开灯。加上收纳功能不全，家中杂物只能随意堆放，造成视觉上的凌乱。装修后借由格子窗，以及与家具结合的收纳空间，改善了屋主的居住质量。

### 廊道

受限于本案狭长型的格局，廊道不但没有对外窗，更难以引光入室，连白天都必须开灯。改造后的走廊成为孩子们的阅读区，还透过格子窗的设置，让光线自由地在室内穿梭。

### 厨房

原先的ㄇ字形厨房缺乏完善的收纳功能及厨房机能，造成屋主烹饪时的不顺手。透过装置嵌壁式的厨具家电和橱柜，一举解决这些烦恼，而且还在靠餐厅处保留了互动空间，让家人间的情感更为密切。

### 主卧

原本只有一个房间，屋主夫妻和两个小孩一起睡在并床的通铺上。除了居家机能不便，对外窗也不够大，室内常显昏暗。缩编改造后的主卧，看起来更加明亮，孩子们也有自己的独立卧室。

餐厅

完全让人认不出来的之前和之后，餐厅之前的凌乱好像假的一样，在全新宫廷风格的餐厅用餐，仿佛连菜都变好吃了。

卫浴

和屋内其他空间一样，用白色调统一的卫浴，让人感觉舒适清爽。洗手台上下都设置了新的储物位置，原来马桶上摇摇欲坠的临时架 OUT！

新增
儿童房

原来浪费掉的尴尬空间，变身两个孩子的独立房间，虽然空间不是很大，但对孩子来说，拥有自己的独立空间仿佛美梦成真一样。

# 重点施工流程

## ❶ [ 隔间拆除与加装格子窗 ]

老屋改建的必要施工，就是拆除隔间，这项工程看似简单，其实大有学问，包括排水孔及粪孔必须事先封闭，还要避免拆除落下的瓷砖与水泥块砸坏管线等。之后再请木工打造合用的格子窗，经过数轮的修饰，才是我们最后看到的完工照。

## ❷ [ 费工费时的拱形 ]

建筑施工时，流线型和圆形这种"非方正"的造型，往往考验着施工者与监工者的功力。如何做出漂亮的半圆已经够让人苦恼，还要考虑拱形开口边缘与旁边墙壁的距离，都是工程费工费时的原因。

**房屋基本资料**
- 138.8 平方米
- 华夏（4F/5F）
- 3 房 2 厅 2 卫
- 夫妻 +2 小孩
- 30 年屋龄
- 主要建材：斑马木木皮、灰/白/黑橡木皮
- 安藤国际室内装修·吴宗宪

## The Children's Wonderland

# 不动格局大翻新：
# 简约、大方，共绘家居温馨图画

　　舒适温暖的家，永远是人们一辈子的向往。可是随着年月过去，房屋终究难以抵挡日晒雨淋的摧残，管线老旧、漏水、壁癌等问题随之而来。有感于房屋不堪使用的状况已经相当严重，屋主夫妇为了给全家人更好的居住质量，遂决定将老屋改头换面一番。如今的老屋正以崭新的姿态，与屋主一家共同迎接往后数十年的岁月。

### 老屋状况说明：

　　由于格局方正，通风采光状况算不错，再加上屋主前两年才换过瓷砖，不希望花太多费用装潢。但是因为屋龄老旧，大部分的预算都用来进行基础工程保健，例如拆除、管线更新等，格局则没有变动。

　　除了基本的修缮之外，此案的许多家具早已不堪使用。再加上屋主一家四口的身高比较高，很多原本可以多加利用的区域竟被闲置，造成空间的浪费，所以设计团队将装潢重点放在内部规划及硬件更新上。

老屋问题总体检：

主卧：壁癌
问题严重

阳台：怕蚊虫
叮咬不敢开窗

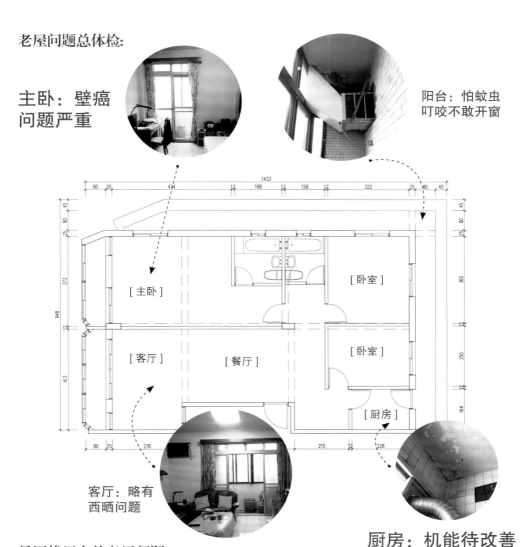

[ 主卧 ]

[ 卧室 ]

[ 客厅 ]　　[ 餐厅 ]　　[ 卧室 ]

[ 厨房 ]

客厅：略有
西晒问题

厨房：机能待改善

最困扰屋主的老屋问题：

| 壁癌滋生 | ●●●●● | 本案为屋龄 30 年的老屋且年久失修，因此与外连接的阳台漏水严重，导致壁癌滋生情况不甚乐观。主卧情况也差不多，影响美观，令屋主一家不堪其扰 |
|---|---|---|
| 阳台通风不良 | ●●●●○ | 阳台因为装设许多台湾人惯用的铁窗，又无法另行加装纱窗，窗外的蚊虫容易进到室内，所以屋主尽可能不打开靠阳台一带的对外窗，导致家中通风不良 |
| 日照西晒 | ●●○○○ | 本案有些微的西晒问题，但不是非常严重。但既然都要重新装潢了，设计团队当然会竭尽所能地帮屋主解决居住困扰 |

**屋主想要改善的项目**

1 开阔明亮的风格，但不需要过度装修。

2 在一定预算内达到装潢目的。

3 改善后阳台无法开窗的问题。

4 女主人希望能规划瑜伽区。

## 沟通与协调 Communication and coordination

 **沟通协调后的设计师建议**

*1* 由于男女主人都在桃园机场工作的关系，**习惯了开阔的视觉风格**，因此设计师尽可能精简室内陈设，例如简约造型的天花板、覆贴贴皮的收纳柜体，家具与色彩的选用也十分简单，希望以此打造开阔明亮的风格。

*2* 经过设计团队的耐心解说，以及屋主本身的工作属性，虽然很快就了解**基础工程的费用是不能省略的开销**，但因为家中前两年才换过瓷砖，希望能在预算内完成装修事项。所幸本身格局并没有太大的问题，在没有变动格局的必要下，省下了部分拆除费，并尽可能沿用既有的家具，终于在屋主的预算内完成委托。

*3* 原先装设铁窗的后阳台，因为没有纱窗遮蔽，蚊虫容易飞入室内，屋主便尽可能不开靠近阳台的对外窗，导致阳台附近通风不良，夏天也容易闷热。设计师拆除阳台的铁窗，**以木制格栅代替，并种植诸多植栽，顾及美观的同时**，尚具调节温度的作用。

*4* 本案虽然占地面积超过 130 平方米，但因为必须规划公共区域及一家四口的独立房间，设计师只能**将主卧区另划为一方区域，作为女主人练习瑜伽的场地**。

1. 后阳台拆除旧有铁窗，将上方改为木制栅栏，一举改善阳台区域无法开窗的问题；并栽种植栽，以达调节温度之效。

2. 设计团队分配主卧面积，将靠窗的区域设为女主人专用的瑜伽区。

3. 后阳台原本只能从厨房进出，经过设计改造后，从主卧另辟一条通道，并沿路加装气密窗，确保隔音及蚊虫入屋的问题，直接通往后阳台。

4. 客厅西晒的问题因为不严重，除了以微反射玻璃作为窗户的主要建材，还加装遮阳板修饰太阳入射的角度和面积，以及用遮光窗帘稍加遮挡。

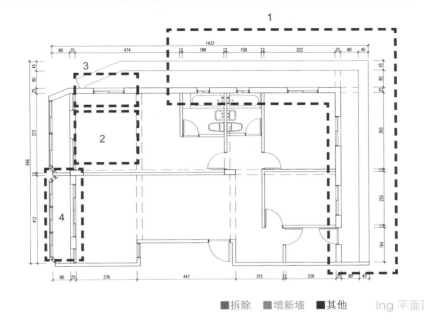

■拆除　■增新墙　■其他　　Ing 平面图

# After and results

## 改造成果分享

### 缤纷色彩，提升空间彩度

推门入室，首见一面蓝色的墙，搭配一尊艺品摆饰，就是浑然天成的艺品展示区。循着廊道来到主卧，则是偏粉紫色的主色调，令人感到满满的小巧温馨。儿童房也各有其特色：女儿房以桃红色为主，儿子房以军绿色为基调。如此活泼的用色，来自对设计独有一番见解的女儿。搭配适当的家具点缀，每个房间仿佛都有着独立的个性，别有趣味与风情。

### 化繁为简，营造宽敞空间

宽敞居家人人向往，但是对许多设计师来说，"没有设计的设计，才是好设计"，实则为一门高深的学问。本案没有繁复的造型，也没有花哨的家具——例如简约的天花板、仅覆贴贴皮的收纳柜、电视墙及下方的电视柜等可见一斑。让空间更显宽敞的同时，也不忘顾及改善屋主生活质量的初衷，才是真正的好设计。

孩子，我要给你一个更好的生活环境　**119**

## 一体成形的出入口设计

位于餐厅旁的儿童房及厨房入口，设计师覆贴与墙面同样的贴皮，仅留下把手便于开关门。这种隐藏式门板的设计，是现代室内装潢常见的手法，不仅可以让空间看起来更整齐、干净，还能与餐厅橱柜及电视柜的贴皮相呼应，呈现出视觉的一致性。

## 小资省钱装潢术：物美价廉的贴皮

主要建材以斑马木木皮，以及灰、白、黑三色的橡木皮为主，一方面是出于节省装潢费用的考虑，另一方面是为了达到美观之效——这些都是贴皮家具最大的优点。此外，贴皮可选用的图案、颜色较多，保养上也比实木家具来得方便，对于预算有限的屋主来说，无疑是最好的选择。

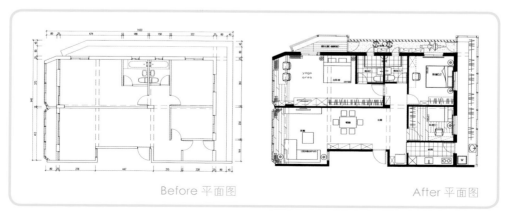

Before 平面图　　　　　　　　　　　　　　After 平面图

# 之前之后对照一览

**Before**

# After

**客厅**

因旧有客厅的对外窗被遮挡，光线无法直接进入室内，难免显得阴暗；而且因为规划不良的关系，家中的洗衣机竟置放于此。**改装后的客厅尽显明亮**，洗衣机等物品也改放到后阳台，提升了居住质量。

**主卧**

施工前的主卧虽然有对外阳台，却因为墙面遮挡的缘故，光线很难进入，造成室内昏暗。而且明显可见没有充足的收纳空间，物品只能随处堆放。改装后的主卧**善用了边间的优势**，创造两面采光的空间，室内也重新规划，还给屋主良好的居住质量。

**后阳台**

原本的后阳台因为是无纱窗的铁窗，加上既有的漏水问题，经过设计师的规划，漏水与壁癌的问题不但轻松解决，**还以木格栅的方式替代铁窗**，引光入室之余，视觉上也更为美观。

# 重点施工流程

## ❶ [ 客厅的改建 ]

改建前的客厅，虽然有往外拓屋空间的优势，但因为内部规划不良，并没有为居家带来加分的效果，因此设计师拆除外推阳台的隔墙，再经过墙面批土、粉刷的过程，遂完成明亮、简洁的客厅。

**Step1**

检查窗台状况并拆下窗户，从拆除窗台两侧的装潢开始。

**Step3**

批土作业，让墙面平整。

**Step2**

拆除窗台主要墙面的装潢，可以明显看出与窗框连接处的空洞，再进行补强。

**Step4**

窗外的防水工程也要兼顾，避免日后雨水渗透入屋。

**Step5**

拉出基线，进行贴皮作业。

# ❷ [ 厨房的改建工程 ]

因为原先的厨房与阳台互通的关系，不只有漏水与壁癌的问题，机能也不堪使用，每每让女屋主烹饪时备感艰辛。设计团队重新规划了厨房格局，并添购全新的硬件，让下厨成为生活乐趣之一。

**Step1**

为了一举改善漏水与壁癌的困扰，率先将老旧墙面拆除。

**Step2**

进行红砖堆砌的工作，为下一步涂抹水泥的前置。

**Step3**

抹上水泥，使其成为平整墙面。

**Step4**

开始贴皮，依稀可见完成品的雏形。

**房屋基本资料**

- 109 平方米
- 电梯大楼
- 3 房 2 厅
- 3+1（儿子已婚，另有居所，偶尔有空返家）
- 30 年屋龄
- 主要建材: 大理石、石英砖、特殊地砖、镜面、超耐磨木地板、壁纸、皮革、系统柜
- 邑天室内设计・陈建泰

# The Children's Wonderland

# 杂乱老宅，兼顾美观及实用收纳之大改造

因为工作方便的关系，屋主夫妇在这栋拥有 30 年屋龄的老屋，一住就是数十载。如今虽然已届退休之龄，早已习惯台北民生东路一带的机能与环境——或者说，这是人与房屋长年建立的深厚感情，即使住宅内部早已不堪使用，仍坚持赋予它全新的面貌，希望在往后的退休生活里，让这位老朋友给予一如既往的庇护、照顾。

## 老屋状况说明：

此屋虽然格局方正，但因为以前的建筑与隔壁的栋距非常近，采光不良的问题十分严重。再者，虽然有对外窗，但因为开窗区域以客厅和主卧为主，后者正好是非常私人的空间；以及两间小孩房的对外窗因室内规划不够完善，几乎无法开窗，因此如何兼顾采光、通风与隐私，确实是十分棘手的难题。

因为房子居住了数十年，家中难免堆积长年累月的杂物，却苦无没有足够的收纳空间，只能随处摆放，造成进出动线的混乱。

但如何在格局不动之前提下，仅以房屋内部硬件更新，即可呈现出完全不同的风貌，对设计师实为一大考验。

## 老屋问题总体检：

**空间不足 多人容身**

**采光不足**

厨房

客厅

主卧房

女儿房

儿子房

餐厅

内玄关

外玄关

**动线不佳**

**收纳空间不足**

## 最困扰屋主的老屋问题：

| 采光不良 | ●●●●● | 以前的建筑对"防火巷"并没有很严格的法令规范，所以本案不但前后左右都有住宅，而且楼间距十分贴近，难以引光入室，连带导致通风不良、隔音不佳、难以确保个人隐私的问题 |
| --- | --- | --- |
| 收纳空间不够 | ●●●●● | 由于屋主夫妇从年轻结婚后便居住于此，以前的装潢概念也不如现代进步，所以室内没有足够的收纳空间，不论杂物或是平常会使用的物品都只能随意找空间摆放，严重影响人、物进出的动线 |

 Ing

 **屋主想要改善的项目**

1 预算控制于理想值之内，原有格局还算不差，不想更改室内格局。
2 改善楼间距太近带来的问题，包括采光、通风、隔音、隐私。
3 解决收纳空间不足的困扰。
4 提升厨房机能，希望使用起来更顺手。

# 沟通与协调 Communication and coordination

 **沟通协调后的设计师建议**

*1* 老屋翻修因为需要多一道拆除的工作，价格会较新屋来得高。在条件允许的状况下，**尽可能不要变动格局**，也是省钱的一种方法，因此本案的翻修重点之一，在于如何善尽室内规划之宜。

 老屋装修 小知识

**Q：老屋装修的预算怎么抓比较好？**
**A：**邑天设计的陈建泰及郑珊怡设计师认为，老屋最常面临的共同问题，就是许多我们看不到的基础工程的重建，例如管线与配电。如果想将老屋一次性地整修到好，连同拆除费用计算在内，预算约每坪（约3.3平方米）8万～10万（台币）为佳。

*2* 既然外在条件不可能改变，只能从**室内的再规划、材质运用与设计巧思**等三方面解决问题。例如隔音问题，只能靠改装隔音效果较佳的气密窗。

*3* 既要兼顾居家使用的实用性，也**不能忽略收纳空间**，是室内设计的一大学问，因此本案的诸多设计都暗藏玄机。例如床头板，并非只有视觉美观的功能，内里皆为大容量的收纳区。

*4* 本案原始的厨房格局为一字形，加上面积不大，以及老屋初始功能不齐全的关系，根本没有多余空间置放电器柜，才会造成厨房使用起来不顺手的问题。其实只要妥善规划，**搭配合宜的厨具系统**，就能轻松解决屋主困扰。

1. 客厅及主卧，以布质百叶窗搭配气密窗，改善采光及通风问题。连同女儿房和儿子房，也加设对外窗。
2. 增建的卧榻区，底座改装为抽屉及上掀的收纳柜体。
3. 主卧增建超大容量的衣柜，床头亦改装为收纳空间。
4. 原本摆放凌乱的电器设备，规划后在厨房区增加电器柜功能，动线更显利落。
5. 从玄关开始，地面全部采用平接式无障碍手法处理。

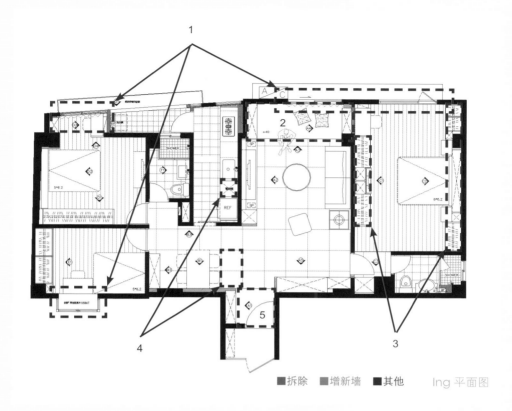

■拆除　■增新墙　■其他　　Ing 平面图

# After and results
## 改造成果分享

### 简洁明亮，一改老屋风貌

　　屋主夫妇皆已届退休之龄，并没有特别喜好的室内风格，因此设计师从"令人感觉最舒服"的设计元素出发——简单、明亮，不只是本案的概念主轴，亦交织出令人眼前为之一亮的美感。例如客厅的天花板，虽然没有花哨的造型，但是只要打开嵌灯及间接照明，一样能让人感觉到家的温暖。

### 平接地板的"表面功夫"

　　考虑到日后使用房屋的特殊需求及照护的便利性，设计师坚持整间住宅的地板必须以"平接"的方式处理，甚至连玄关区也不例外。在这句简洁有力的设计语言中，体现了"设计，始终来自于人性"的初衷。

## "藏"与"露"的艺术：超强大收纳空间

在简洁明亮的前提下，本案随处都是收纳空间的巧思。例如玄关进门右手边的落地高柜，不只是明显可见的收纳柜，还有加强空间色彩，以及饰品展示区的功能。

在众多的收纳设计中，其中最令人惊艳的，当为客厅的卧榻区。相信许多人都曾面临过的收纳难题，就是柜体或抽屉的深度太深。虽然的确可以放很多东西，但放在越里面的物品，想要使用的时候就要大费周章地把前面的杂物拿出来。贴心的设计师将此处的抽屉切为两半：前半段为普通的抽拉式抽屉，后半段则为可以上掀式的门片设计，保证每一寸空间都不浪费。

## 布质百叶窗，轻松解决恼人的栋距问题

因为栋距太近的关系，不但影响屋内采光，连带也难以通风。而且有时候只要往窗外望去，就会看到对面邻居晒着的衣物。有碍观瞻之余，主卧隐私也有被人窥视得一清二楚的风险，让屋主一家不堪其扰。设计师巧妙运用布质百叶窗就轻松解决了这些难题，价格也不会对屋主造成负担，还有多样化的色系可以选购，是设计师不外传的改装秘诀呢！

## 多样化的材质运用：黑镜

从风水学的角度来说，镜子常被视为居家大忌。其实只要经过适当安排，就具有出奇的画龙点睛之效。

镜子是许多设计师爱不释手的装饰材料，原因在于镜面的反射效果，具有极佳的空间扩张效果，可以让人产生空间加倍的错觉。但是除此之外，本案餐厅区的黑镜，不只是十分实用的大收纳空间，预留的艺品展示区，尚兼具视觉点缀的效果。"1+1>2"的设计概念，原来早在这些不为人知的细节处，发挥得淋漓尽致。

## "明"与"暗"的点缀美学

虽然明亮的颜色的确有助于使空间看起来更通透，但如果没有深色的搭配，反而会让住宅看起来十分单调。因此仔细观察的话，会发现本案的用色要诀，就在于深浅色系的搭配运用，包括电视墙、餐厅区的黑镜、带状式的黑色嵌灯等。甚至包括家具，设计师亦亲自协助客户挑选，力求打造出兼顾屋主诉求与美感共荣的退休"好宅"。

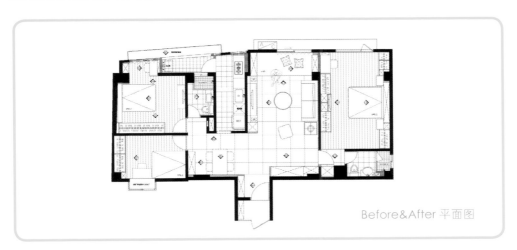

Before&After 平面图

**老屋装修小知识**

**Q：关于栋距，法规有相关规定吗？**

**A：**同一基地内各幢建筑物间或同一幢建筑物内相对部分之外墙开设门窗、开口或阳台，其相对之水平净距离应在 2 米以上；仅一面开设者、其水平净距离应在 1 米以上。但以不透视之固定玻璃砖砌筑者，不在此限。（中国台湾相关规定）

但实际上通常越大的栋距，景观、采光跟通风都会相对较好，所以大家在购屋时，常会以两栋房子间的距离，以楼高 1/3 高度为标准。但很多老屋栋距都相当近，关于隐私等衍生问题，只能靠室内装潢的方式来补强。

# 之前之后对照一览

**Before**

客厅

因为收纳空间不足的关系，十分杂乱无章。而且从对外的铝窗望去，即为隔壁邻居的晒衣区。经过缜密规划，以及**全新的材质改建**后，老屋一甩阴暗又老旧的风貌。

餐厅

因为厨房空间不足，只好将电器柜置放餐厅，造成家中成员移动时，必须绕过这个"多出来"的电器柜。改建后的餐厅，不但干净、宽敞，也还给屋主一家人**灵活的动线**。

厨房

一字型的厨房摆置了铁架的收纳篮，却因此压缩了屋主在内移动的空间，其宽度也只能容纳一人通过。透过**全面性的厨具改装**，不仅大大增加厨房的功能，也让烹饪成为生活乐趣。

主卧

苦于收纳空间的不足，屋主夫妇只能"找地方"把东西收起来，造成空间的凌乱。改建后的主卧不但拥有**大容量衣柜**，女屋主终于有了属于自己的化妆台，是女性才能体会的"小确幸"。

# 重点施工流程

## ❶ [装修加盖客厅卧榻]

空间不分内外，都需要"缓冲"的区域——盖于户外，称为阳台；建于室内，名为卧榻，不但可以让屋内的人多一个休憩的小空间，还能作为室内与户外的过渡带。善加利用，就能像此案化为令人惊喜的收纳区。

**Step1**

将先前的装潢拆除。

**Step3**

木作进场。

**Step2**

水泥填补壁面，方便进行后续施工。

**Step4**

进行客厅卧榻的加盖工作。

## ❷ [无障碍的平接地板]

"无障碍"不只限于一般人想象的公共坡道或电梯，对于室内设计亦是趋势重点，视屋主需求考虑"无障碍"空间的配置。平接式的地板处理，不只施工过程更繁复，还要经过机密计算，不能允许地板出现些微高低落差的错误。

孩子，我要给你一个更好的生活环境 **131**

**房屋基本资料**

- 82.6 平方米
- 华厦
- 三房两厅
- 夫妻 +2 小孩
- 30 年屋龄
- 主要建材：超耐磨地板、进口复古砖、订制木百叶、文化石、进口壁纸
- 摩登雅舍室内装修·汪忠锭、王思文

# The Children's Wonderland
# 破解挑高不足，
# 一家四口的温馨乡村风

　　"在对的时间遇到对的人"，一句话，告诉我们缘分的难能可贵。在美国相识、相恋而后步入礼堂的屋主夫妇，经过异国文化的多年洗礼，回台购置婚后第一个家时，便深切盼望一圆拥有乡村风住家的梦想。于是这栋拥有超过30年屋龄的老屋，经过大手笔的翻修后，化为年轻人的避风港，作为他们接下来数十年的爱情见证。

## 老屋状况说明：

　　多数老屋难免出现漏水、壁癌、管线老旧等问题，而此案因为前任屋主并未针对既有的漏水问题加以修缮，造成壁癌更是严重。此外，一般居家挑高常介于 280 ～ 310 厘米，本屋高度仅有 250 厘米，对身高超过 190 厘米的男屋主和 175 厘米的女屋主来说，形成的压迫感较他人更强烈。

　　虽然格局方正，而且几乎大部分空间都有对外窗，但因为位处老旧住宅区，窗外街景不美观，屋主也不希望开窗的时候被对面邻居窥见个人隐私，因此开窗意愿不大，导致户外阳光难以投射入室，造成室内阴暗的结果，这些都是亟待解决的困扰。

## 老屋问题总体检：

设备老旧

采光不足

挑高不足

[卧室]

[主卧]

[厨房]

[餐厅]

[卧室]

[玄关]

[客厅]

## 最困扰屋主的老屋问题：

| | | |
|---|---|---|
| 采光不良 | ●●●○○ | 本案虽然格局方正，且对外窗不少，但因位处老旧住宅区，窗外街景不甚美观，屋主也不喜欢让人看见自家隐私，因此不常开窗，导致采光不足 |
| 挑高太低 | ●●●●● | 由于男女主人身高比多数人还高，适逢老屋挑高仅有250厘米，对屋主夫妇产生的压迫感比他人更强烈 |
| 漏水严重 | ●●●●● | 前任屋主并未针对既有的漏水问题加以修缮，导致本案屋主购房后，才发现漏水状况比想象中更严重 |
| 壁癌孳生 | ●●●●○ | 壁癌与漏水，两者息息相关。由于此屋漏水多年未经改善，壁癌的情况十分严重 |

### 屋主想要改善的项目

1 改善挑高太低形成的压迫感。

2 解决漏水及壁癌的问题。

3 引光入室，让居家空间更显明亮。

4 地道的美式乡村风格。

## 沟通与协调 | Communication and coordination

### 沟通协调后的设计师建议

*1* 挑高太低的问题来自建筑本身的劣势，当然无法更动建筑结构，例如不可能拆除梁柱，只能透过室内的规划改善，因此首先设计师决定将出入口的"门"改建得较一般门高，方便屋主进出。其次便是**尽可能把天花板造型做得简单**，让室内的陈设看起来简约，避免视觉上的疲劳。

*2* 此屋的漏水问题源于楼上住户，因管线破裂，漏出的水渗透到楼下。但因为种种原因，无法直接到住户家中修缮，因此设计团队只能**在漏水最严重的区域装设水盘**。虽非一劳永逸的解决之道，但也只能折中地采用此法。

*3* 此屋格局尚属方正，但因为位处旧小区，不但与周遭建筑相隔颇近，且隐私容易被窥见。在设计师的巧思下，**窗户改采木制百叶窗**，不但可以引更多光线入室，让家中看起来更显明亮，还能遮住对面不好看的窗景，一举数得。

*4* 受美国文化熏陶多年的屋主夫妇，独钟情于美式乡村的风格，因此事前准备非常充足的相关数据，包括报章杂志、美式影集等，供设计团队参考。虽然台湾住宅的面积普遍较美国大宅来得小，但设计师从"**美国大宅缩小版**"的概念出发，运用各式自然建材如文化石、木制窗，还有复古的瓷砖及线板，呈现令屋主夫妇大为感动的作品。

**Q：什么是木制百叶窗？**

**A：** 不是传统横式的百叶窗，而是直式的实木百叶窗，在国外装潢中常见，而近年来中国台湾也开始可以接受这种洋式风格的窗型，就算没有装潢成乡村风的预算，只要做一个实木百叶窗，就能营造出十足气势。

优点是可以调节光线与隐私，而且好清洁、质感很好，缺点是价钱不便宜。而一般家庭常用的布窗帘样式非常多，价钱弹性也大，只是较不容易清洗，若家里有人有过敏问题会比较不适合。

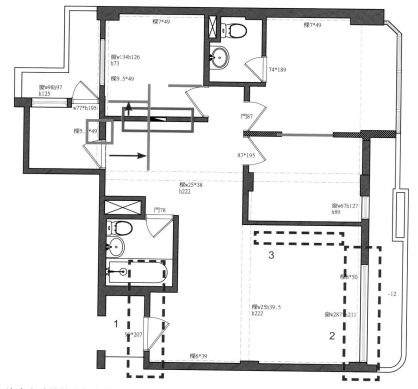

1. 许多老建筑普遍都有挑高太低的问题，但设计团队不可能更改建筑架构，只能将出入口加高，增加屋主进出的方便性，还能降低挑高不足引起的心理压迫感。

2. 采光不足的问题不只来自于窗外街景不甚美观、让屋主不愿开窗之外，还有隐私上的考虑，更要兼顾视觉美观。经过与屋主的缜密沟通后，最后决定以深具美式乡村风格的木百叶一举改善。

3. 许多屋主面对老旧房屋的共有困扰，就是收纳空间不足。设计师不只在本案再次发挥擅长的"美式收纳"，还将美式乡村中重要的风格元素——壁炉，结合电视墙与电视柜的收纳功能，创造出让人惊喜连连的优秀作品。

　　　　　　　　　　　　　　　■拆除　■增新墙　■其他　　　Ing 平面图

# After and results
## 改造成果分享

### 大胆用色，独具一格

初见此案，最令人印象深刻的就是犹如海洋风情的客厅，这是取用自与屋主同名的"湛蓝"（azure blue），甚至连沙发、抱枕、壁布都大胆采用相同色系；走进小朋友的游戏间，则是活泼大胆的桃粉色，来自设计团队对女主人的细心观察，也是女主人最喜欢的颜色。至于餐厅，在黄色的衬托下，彰显另一种闲适的用餐风情。

常常我们看许多设计师的作品，会发现整座住宅的用色往往十分一致，例如简约风格，多以黑或白为色彩基调。但是在本案中，活泼的用色仿佛魔法，不只提升空间活泼度，亦开创另一种缤纷生活。

---

**老屋装修小知识**

**Q**：油漆色卡上百种又小小一块，怎么知道刷上墙的效果？

**A**：与室内设计师沟通协调时，最让屋主困扰的，就是可参考的色卡太多，而且通常只有小小一块，实在很难想象刷上墙的效果。建议屋主在进行油漆粉刷工程时可以亲至现场，请油漆师傅先刷上预选的颜色，如果觉得不适合，现场立即与设计师进行讨论，之后再改刷自己喜欢的颜色即可。不过如果改刷油漆的次数太频繁，设计师可能会要求添补费用，实属合情合理。

## 另一种配色妙方：壁纸与瓷砖运用

虽然油漆可以选择的颜色有上百种，但还是只能呈现区域性的相同色彩。想要提升空间活泼度，除了运用家具的搭配点缀，还可以尝试从建材下手，例如壁纸或瓷砖。

本案令人印象深刻的湛蓝色客厅，虽然采用的都是同一色系，看起来却不致呆板无趣，其幕后功臣当属沙发背墙的壁布。不论是壁纸还是壁布，因为图样众多，而且价格弹性大，方便屋主可视个人预算挑选，是居家装潢不可或缺的元素。再加上科技的日新月异，现在的壁纸／壁布已经不像早期需使用发泡胶黏结，替换时造成墙面受损，这是其受欢迎的另一个原因。

瓷砖也是本案不可忽略的重头戏之一。例如玄关地板的黑白拼贴，设计团队特别选用简单的黑白色系佐以简单图样，作为乡村居家的重要图腾。又如厨房地板的瓷砖，采用与立面墙壁类似色系的墨绿色，并以不同的尺寸与拼接方式，呈现一种"和谐中的不协调"，让空间变得更活灵活现。虽然瓷砖没办法像壁纸／壁布那么多元，但绝对是仅次于油漆涂料的另一种好选择。

## 乡村风元素云集：壁炉、线板

　　想要帮居家打造不一样的风格，首先，必须知道该风格藏着什么样的"元素"。例如谈起禅风，第一个让人想到的会是榻榻米、卧榻或和室，而且用色通常偏清淡或大地。而乡村风的重点，此案中明显可见的两大元素即为电视墙的壁炉，以及通往客浴的线板。

　　常常我们在电影中看着老奶奶坐在火炉边的摇椅、手上打着毛线……这是最原始的乡村风格雏形。但是台湾地处亚热带，并没有使用壁炉的需要，于是设计师将壁炉与电视墙的概念结合，是令人眼前为之一亮的精彩创举。

　　通往客浴的墙面，上半部采用湛蓝的色漆，下半部则运用木色的线板，也是沿袭自传统乡村风的设计。但是因为文化差异的关系，台湾人比较习惯使用白色线板，因此设计团队特别与工班协调，才复制出原汁原味的美式线板，打造出拥有浓厚美式乡村风格的本案。

## 让你几乎忘了它的存在：美式收纳

　　设计师不只擅长乡村风格，与家具完美结合的收纳空间，也是其强项之一。例如玄关的落地鞋柜，同样采用木百叶，不仅达到视觉统一之效，收纳功能也十分惊人。电视墙旁边的壁面，看似是装饰用的线板，实际上是收纳录放机的电视柜。而且下方还特别开了孔洞，作为散热之用。甚至连餐厅，也暗藏收纳玄机：右边的木框窗是进入厨房的出入口，左边则是富含装饰性质的收纳橱柜。室内设计不只要考虑视觉美学，还要兼顾实用的空间机能，才是真正的好设计。

Before 平面图

After 平面图

# 之前之后对照一览

**Before**

**After**

**客厅**

前任屋主为了**维护个人隐私**，以及遮挡窗外不甚美观的街景，不得不在客厅的对外窗贴上有色的遮蔽物。改造后的客厅装置木百叶，成功解决屋主的烦恼，还达到"维持空间风格一致性"的功能。

**主卧**

改建前的主卧空无一物，外推阳台区也因梁柱的关系更显低矮。改造后的主卧保留了阳台区必要的梁柱，辅以白色的色彩基调和木百叶的装设，**扩大了视觉上的空间感**，突显温馨的乡村风格。

厨房

老旧房屋因年久失修，厨房除了残破不堪，机能也不完善。
经过巧手设计后，厨房成为可爱、温馨又令人向往的烹饪天
地，还能透过阳台的对外窗，**让户外阳光投射入室**。

卫浴

原先的卫浴采用老式的装潢：拼贴的瓷砖地板，洗手
台与马桶也仅有功能之用，并无设计美感可言。改建
后的卫浴呈现崭新面貌，不但**具有强烈的视觉风格**，
设计团队连收纳问题也考虑在内并一并解决。

# 重点施工流程

## ❶ [ 墙面修饰，油漆粉刷 ]

房屋因为长久使用的关系，难免出现油漆剥落、裂缝等问题，导致墙面不平整，就算刷上油漆，也并不能
遮掩这些瑕疵，放眼望去还是一片凹凹凸凸。尤其当房子有漏水、壁癌的情形，墙面不整的情况只会更严
重。因此事前进行批土、打磨，是不可忽略的工程细节。

## ❷ [ 极具变化的瓷砖拼贴 ]

覆贴瓷砖不是一般大众想象中"只要贴上去就好了"的简单工程，还要先进行划出水平线、抹浆等前置工
作。如何贴得平整，还有填缝填得漂不漂亮，十分考验装修师傅的功力。

**房屋基本资料**

- 82.6 平方米
- 公寓
- 3 人
- 2+1 房 2 厅
- 30 年屋龄
- 主要建材：仿清水模涂料、钢刷梧桐木、橡木、结晶烤漆、铁件烤漆、玻璃
- 虫点子创意设计・郑明辉

# The Children's Wonderland

# 置入一道清水模的墙，老屋也有新风貌

屋主从成长、结婚生子都在这 82.6 平方米的老房子里，说"起家厝"也不为过，但随着孩子渐渐长大，房屋格局及动线越来越不实用，因此屋主夫妻决定将老屋重新改造。

### 老屋状况说明：

原始屋况为三十几年的老屋，格局为 3 房 1 厅 1 卫，室内才 86.2 平方米，因此每个房间都狭小无比，再加上楼梯间及阳台的关系，并非方正格局，所以有不少畸零角落，导致空间更为局促；一间卫浴，在孩子成长过程中也会面临不够使用的问题。再者，整个空间虽三面有采光，却被房间、阳台及厨房遮住，使得室内显得阴暗，再加上壁癌及管线老旧等，诸多问题亟待解决。

## 老屋问题总体检：

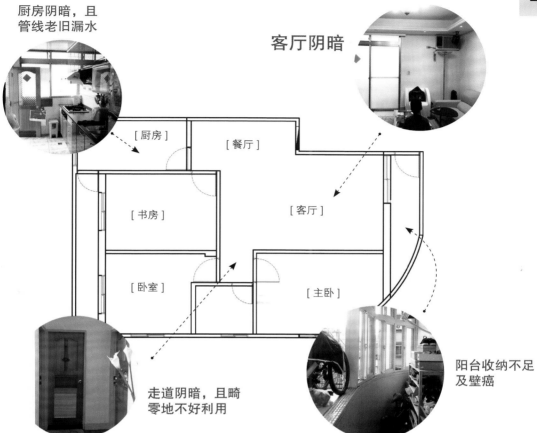

厨房阴暗，且
管线老旧漏水

客厅阴暗

[ 厨房 ]

[ 餐厅 ]

[ 书房 ]

[ 客厅 ]

[ 卧室 ]

[ 主卧 ]

走道阴暗，且畸
零地不好利用

阳台收纳不足
及壁癌

## 最困扰屋主的老屋问题：

| | | |
|---|---|---|
| 采光不佳 | ●●●●○ | 客厅处明厅，但因采光在前后两端，却被阳台及厨房遮住，所以效果不佳 |
| 格局不佳 | ●●●●○ | 整体空间狭小，再加上畸零空间多，不易使用，因此全部拆除，并重新规划 |
| 水塔管线脆化、瓦斯管线老旧 | ●●●○○ | 全面换新，改用白铁管，既安全又能延伸使用年限 |
| 壁面、楼板龟裂、壁癌 | ●●○○○ | 此屋有老屋常见的壁面、楼板龟裂、壁癌问题，出现在屋子的左右两侧墙面，以及天花板，但因为没有很严重，用从内侧补强的做法即可 |

**屋主想要改善的项目**

1 希望空间看起来比实际面积大。
2 希望能维持 3 房，并多一间卫浴。
3 女主人希望能有一间更衣室。
4 全屋管线希望能全面更新，以安全为考虑。

## 沟通与协调 Communication and coordination

 **沟通协调后的设计师建议**

*1* 设计师在承接本案时，一直在思考如何让空间能减少不必要的畸零角落，使空间变得趋于完整。所以在详细思考后，**利用一串连空间的清水模大主墙将空间一切为二**，分为私人空间及公共空间，并将私人空间隐藏在大主墙后，包括主卧、客浴、小孩房，让公共空间在整个空间内呈现，完全没有转角且开放通透，视觉感受也能因此而开阔、放大。

*2* 主卧室的入口借由从大门至玄关的架高木地板，一直延伸到房间内，再加上**开放式厨房及书房玻璃隔间的穿透性**设计，让 82.6 平方米的住宅看起来比实际大上很多。同时架高地板除了是空间界定外，也可以变成坐卧的平台。

*3* 为使空间完整，再加上老屋的管线及底墙状况难以掌握，因此建议全屋隔间打掉重做，包括厨房及厕所，仅保留外墙，**重新配置室内格局**，并将电箱、管线水管等全部换新。

*4* 顾及粪管及进排水孔的管线更动影响层面大，因此厨房及卫浴位置并没有太大的迁移，但厨房及书房采用开放式设计，仅**用活动的玻璃铁件拉门区隔**，当女主人煮饭时，只要往厨房拉，就可以把油烟隔离了。不用时可以将门片往书房拉，保持工作区域的安静。同时玻璃隔间及开放式设计能使自然采光得以从书房及厨房、前阳台进入公共空间。

*5* 为呼应空间的完整性，因此**书柜与厨房吧台、实木餐桌组合在一起**，让空间有一气呵成的串联。

6 原有老房子的电视墙转角，为公寓的楼梯间，因此将此畸零空间改为储藏室，然后利用白色烤漆的电视墙、悬空的电视矮柜及清水模背墙，营造出灰、白、原木三种色系作为空间基调。其中，电视柜的木皮延伸至储藏室墙面，再延伸至天花板，营造出如舞台般的效果，同时也跟沙发背墙的清水模相呼应。

老屋装修
小知识

**Q：清水模涂料跟清水模的差异性在哪里？**
**A**：清水模工法十分重视技术与细节，被视为技术的象征，不能马虎，否则就会留下痕迹，从结构组立至灌浆要一气呵成，否则就必须拆除重做。因此也有人在结构完成后，再二次浇置约 5 ~ 8cm 厚度水混凝土，以清水模块立。这样可以减少一些麻烦，失败要重做也比较好处理。但以上两种都有施工不易且价格贵的问题。而清水模涂料，是用胶泥与漆料混合，以九宫格交错方式漆在墙上，并模拟清水模孔洞及线条，优点是施工快速，价格便宜，为现在室内装修的新宠。

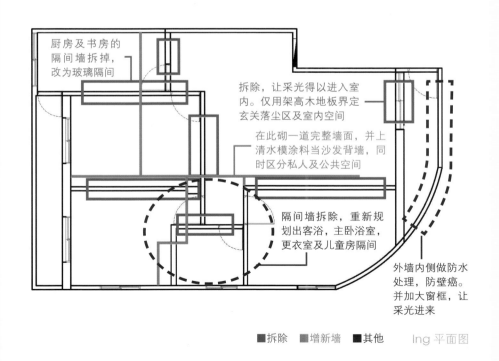

厨房及书房的隔间墙拆掉，改为玻璃隔间

拆除，让采光得以进入室内。仅用架高木地板界定玄关落尘区及室内空间

在此砌一道完整墙面，并上清水模涂料当沙发背墙，同时区分私人及公共空间

隔间墙拆除，重新规划出客浴，主卧浴室，更衣室及儿童房隔间

外墙内侧做防水处理，防壁癌。并加大窗框，让采光进来

■拆除　■增新墙　■其他　　Ing 平面图

# After and results
## 改造成果分享

由于面积不大，因此设计师尽量将空间完整化，透过线条及穿透手法，让空间在视觉上变大且在动线上更便利。在整体设计上，利用"植入一道墙"的方式切割，让空间一分为二，并尽量让公共空间，如客厅、餐厅、书房及厨房完整呈现。

### 线条拉齐让视觉延伸、放大

整个格局全部拆除并重新配置，于是将原本狭小又局促的三房调整成两房加一间弹性书房及半套客浴间。而主卧在重新规划下，还多了一间更衣室及全套卫浴。透过空间线条拉齐的设计手法，将视觉延伸、达到放大空间的效果，例如沙发背墙的清水模墙面、厨具与高低柜的统合、储藏室的木皮延伸至天花板等，空间因为层板及凹洞变得极具视觉层次。

### 开放及穿透设计，大量引进采光

为求客厅明亮，因此特别降低前阳台窗户的高度，并拆除厨房及书房的隔间，改用清玻璃隔间，好让后阳台的采光，得以透过厨房和书房的窗户串联，引进至室内的餐厅及客厅，让自然光影自由流动于屋内；并运用鞋柜包裹原先阳台的结构墙，以便区隔客厅、玄关及主卧的空间，同时又满足机能设计。

## 大面清水模涂料主墙，形成视觉焦点

为呈现空间的清爽感，首次运用"类清水模"的清水模涂料工法，营造整体空间氛围，并透过一些原木及布面质感的设计手法，让空间看起来不会太过冰冷。于是灰、白、黑及原木，成为这空间的主色调。而且为了美观，这面串联主卧、客浴及小孩房、书房的清水模沙发主墙，联机条切割及仿清水模的洞都是经过计算的，并运用分割线对齐门片，所有插座，甚至手把都在同一高度，以便让视觉统一。甚至客浴的门框都用超薄的不锈钢取代，让整面墙更完整且美观，未来也很好清理。

## 机能整合，面积小但收纳量超大

像是书房及厨房的隔间，是利用厨房吧台与矮书柜整合在一起，并延伸至餐桌，上面则采用玻璃隔间，让女主人在做菜时也可以顾及孩子在书房的活动。书柜深约 45～50 厘米左右，收纳量很大。

顾及屋主的使用习惯，因此厨房台面采用硬度较好的石英石，不易吃色且耐刮。厨房吧台下方更设计了抽板，以放置咖啡机及热水瓶。主卧则利用主卧浴室与睡眠区的畸零空间，规划了女主人想要的更衣室，利用清玻璃及毛玻璃的混搭方式，当灯光打下时，使空间有线条的层次感。铁件与系统柜的搭配使其能容纳最大衣物量，LED 蛇灯嵌入层板里，除了照明也可以减弱衣物的压迫感。而可拉取收阖的化妆台镜面，更能争取空间。利用建筑体的畸零转角设计化妆台及孩子书桌，不规则的转折，让小空间因为流动感而不显局促。

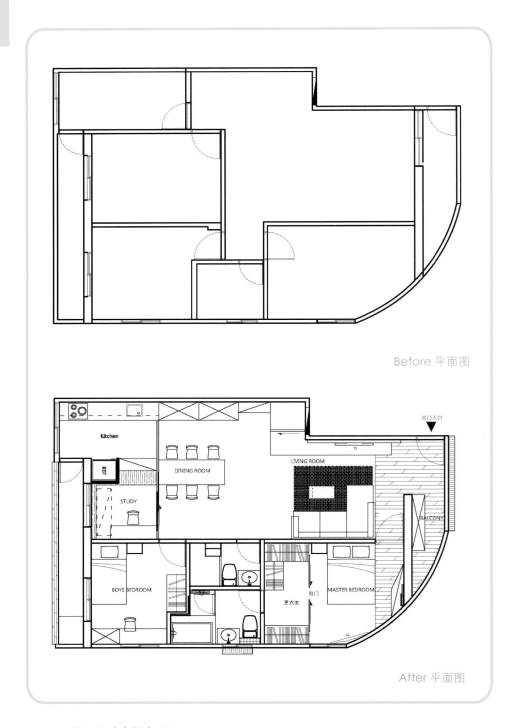

Before 平面图

After 平面图

# 之前之后对照一览

**Before**

# After

客厅

原来阴暗的客厅，通过**拿掉落地门窗**，以及将阳台窗框加大后，
让自然采光得以进入室内，而变得明亮且宽敞。

餐厅 +
厨房

将厨房的隔间拿掉，改为**开放式设计及玻璃隔间**，让后阳台的
采光得以进入室内，并拉大空间感。活动的拉门设计，在必要
时可以阻止油烟进入室内。

畸零
空间

原本电视墙后方的畸零空间既阴暗又无用，透过从电视柜延伸的
**储藏间规划**，并与层板、厨房高低柜串联，使这个空间变得明亮
且充满机能性。

阳台

保留原本的圆弧阳台墙面，仅将女儿墙往下打掉约 20 厘米，**拉大整个窗景**，让采光得以充分进入室内，阳台与主卧的墙面则用鞋柜包裹，满足收纳需求。

走道

原本格局将空间切割出许多阴暗角落，**通过对清水模墙面的拉平整合**，使畸零空间化整为零，同时经由严密计算的线条切割，让出入的门也隐藏其中，甚至客浴的门框都用超薄的不锈钢取代，让整面墙看起来更完整且美观，未来也很好清理。

# 重点施工流程

## [ 环保砖隔间墙工程 ]

因红砖墙重，且施工时间长（需要约一个月左右来吐水，以免未来出现白桦现象）。因此选择环保砖，有轻且施工快速的优点，且隔音效果也不输红砖。

**老屋装修小知识**

**Q：什么是环保砖？**
**A**：「环保砖」（Eco-Brick）主要用玻璃废料混合建筑废料制成，能舒缓堆填区的负荷。
另一方面，用环保砖能够减轻因开采沙石等物料而造成的天然环境破坏。更重要的是，这种砖的粗糙表面布满小气孔，经特别处理后，能吸收部分汽车排放出的废气，有助于减少空气中的污染物。

**Step1**

放样。

**Step2**

环保砖。

**Step3**

开始砌砖，环保砖也是利用特殊水泥黏着剂堆栈工法，而且砖与砖之间用铁片强化固定。

**Step4**

堆栈出主卧、客浴、小孩房的隔间墙。

**Step5**

砖墙与天花板的边缘要用发泡剂固定，而且要预留伸缩缝。

**老屋装修小知识**

**Q：白桦现象是什么？**
**A**：墙壁渗漏以致产生白桦现象（白白的粉末），学术名词叫"吐碱"，严重时会导致墙面剥落，通常发生在墙壁渗水情况下。以老屋而言，有可能是墙里面水管破裂，或是外面雨水渗水至墙面而排不掉所导致。若是发生在新装潢不久的房子，则可能是在泥作砌砖过程中，砖墙干燥时间不够导致，不一定是施工不良。处理方式多半是挖掉重做。

## The Children's Wonderland

# 化解迷宫，
# 阴暗商住公寓变为
# 优雅、温馨的三人之家

**房屋基本资料**

- 155.9 平方米
- 电梯大厦
- 3 人
- 3 房 2 厅
- 屋龄 30 年
- 主要建材：科彰木皮、木雕嵌饰、 壁纸、木纹美耐板、南方松、ICI 乳胶漆、线板
- 觐得空间设计·游淑慧

　　这房子位于商住大楼的高层，是女主人妈妈留给她的财产。地处闹区，楼下有精品店、Cafe 等商家，走没多远就是地铁站，生活机能相当优越。在租给公司行号当办公室多年之后，屋主决定收回、改造成母子共享的温馨居家。

## 老屋状况说明：

由于是 30 年前盖的大楼，梁柱多、天花低，格局也不方正；而且，这座房屋仅只有两侧外墙开设长窗，其余墙面全无采光。由于屋子前段位于建筑物深处，导致玄关与客厅阴暗。屋子的后段虽享有采光面，隔间却非常繁复！两间厕所位于这一区域的正中央，周遭配置大小共四间办公室；所有房间借由迂回长廊来串联，不但出入得绕来绕去，还产生多处死角。窄小的后阳台也呈 L 状转折。总之，这房子在未翻修前，无论功能还是空间感全都不符合女主人的期待。

# 老屋问题总体检：

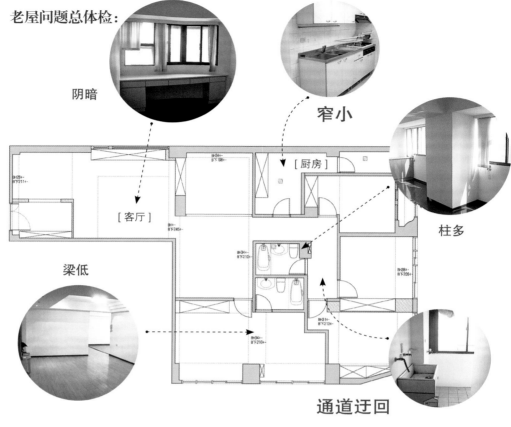

阴暗

窄小

柱多

梁低

[客厅]

[厨房]

通道迂回

## 最困扰屋主的老屋问题：

| | | |
|---|---|---|
| 格局不正 | ●●●●● | 户型颇不方正。刚进屋的客厅面宽较窄，进入后半段突然扩至2倍以上。梁柱很多，光是不靠墙的柱子就有四根，墙面也到处出现各种形状的凸柱。而且，边间的外墙为弧墙 |
| 客厅暗 | ●●●●● | 此屋只能靠西侧与北边的开窗来汲取天光。客厅刚好位于内侧，非但无法开窗，距采光面也远。就算阳光从最近的那扇窗透进来，也被隔间墙给挡住。全室也因为隔墙很多而遮住阳光，除了靠窗的那四间房，其他区段在白天都很暗 |
| 缺餐厨 | ●●●●● | 这里原本是办公室，所以厨房很小且没餐厅。若要改造成居家，势必得备齐家庭所需的餐厨空间。女主人尤其期待能在新家偶尔下厨，跟儿子们共餐 |
| 动线迂回 | ●●●○○ | 串连多间卧房的走道迂回如迷宫；厨房后方的阳台转折90度，平面呈L形的窄长空间很难利用 |

**屋主想要改善的项目**

1 希望能加强玄关的储物机能。

2 改善客厅的封闭与阴暗。

3 扩充厨房的面积与机能，并与餐厅合并成能随时互动的亲子空间。

4 主卧请安排在安静的方位，并附带全套卫浴与更衣间。

5 适度隔开两间儿童房跟主卧，以免两代因作息不同而彼此干扰。

## 沟通与协调 Communication and coordination

 **沟通协调后的设计师建议**

*1* 原先用木作墙隔出来的封闭式玄关很窄小，玄关外并形成一处畸零空间。大门移位后，将全屋最前方的整个区段划为开放式玄关，看起来更大气，进入客厅的动线也顺畅了。**原本的玄关改设走入式鞋区**，将先前的浅层鞋柜升级为深 60 厘米的系统柜，可吊挂大衣、收纳长伞等各式外出用品，柜前还可摆放溜狗的推车，打扫用的吸尘器等大型用具。门一关，玄关整个清清爽爽；门一开，自动感应灯亮起，内容一目了然。

  老屋装修 **小知识**

**Q: 翻修旧屋的施工期要多久?**
**A**: 若房子，没有很多问题，大约 60 个工作日就可完工。若房子有些问题，比如要修漏水之类的，就会拉长工期。像此案因屋龄已 30 年，所以另请防水公司来做窗框周边的防水，这比一般做法来得烦琐，因此多费了约 7~10 天的时间。

*2* 这间客厅受限于先天格局，没法开设采光窗。曾有别的设计师跟屋主打包票说"没关系！我可以引光。"但他也只是开个灯、把灯光引入客厅而已。而我则跟屋主建议干脆就让客厅没有采光吧！但是，我们**从客厅到餐厅、和室全为开放式设计**，让客厅可透过和室与餐厅来获得余光，就不会那么暗了。

*3* 把厨房从屋子的最后端移到客厅旁，再利用走道凹入的开放空间当作餐厅。经过沟通，女主人也很认同**厨房不设门**的做法；这除了可让厨房获得来自采光窗的亮度、与餐厅连成一个共约 29.7 平方米的大空间外，也能让坐在餐桌或站在门口的人都能轻松地跟下厨者聊天。厨房与客厅的隔墙也开设一个窗洞，便于跟客厅互动。

**4** 打通两间离马路较远的小房，再加入原有的厨房跟一截迁回走道，就构成新的主卧；里面还可辟出女主人专用的工作区。在迁走的厕所原址改设二字形更衣间，对面就是主卧卫浴，使更衣更便利。

**5** 餐厅为全屋动线的交汇点；**往内的动线经过拉直**，分成两条。一条通往主卧、另一条则串连两间卧房。

---

**老屋装修小知识**

**Q**：为何旧屋的设计在定案后还会有变动？

**A**：通常，旧房子的柱子特别多；而这些柱子往往都包在木作里，丈量现场时不见得可猜出柱位。所以，翻新老屋常会出现这种情况：跟屋主谈好了要怎么规划；可是，一拆开原有装潢，发现墙里藏根柱子，只好更改设计。

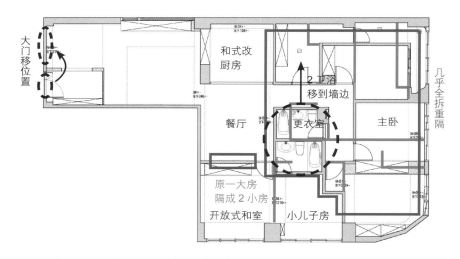

1. 玄关扩大；原有的封闭式玄关改为走入式鞋区。
2. 客厅：沙发背墙与电视主墙互换位置。
3. 动线交汇的空间改为餐厅。
4. 简化通往卧房的动线。
5. 两间卫浴移到墙边，原处变成走道与主卧更衣室。
6. 大儿子卧房的入口缩至柱子内侧。
7. 原有的两小房与一小段走道、局部的后阳台并为主卧。
8. 狭窄的 L 型阳台改为单条的深阳台。

■拆除 ■增新墙 ■其他　　Ing 平面图

---

**老屋装修小知识**

**Q：迁移厕所之后，为何只局部垫高主卧的通道与更衣间的地板？**

**A**：我们为了留出排水的坡度，地板大概垫高了 20 厘米。主要是为了让粪管通过。因为粪管最大支；所以，只需垫高它通过的地方即可。至于排水管，也许你会担心排水管堵塞；但实际上，只要生活习惯还算 OK，通常不会有问题。特别需要打造泄水坡的是粪管。

# After and results

## 改造成果分享

**大门移位让客厅的动线及家具配置更合理**

　　大门原在屋子左侧，进门处并用墙体隔出小玄关。玄关一侧的 L 墙做满鞋柜，另一侧就只剩通道。走两步路，先左转踏出玄关、再右折才能进客厅。玄关与客厅的转折过道约占 6.6 平方米，既不能储物也无法挪作他用，倒是让此区的方正格局缺了角。最严重的是，进屋动线从此以对角线的斜度贯串整个客厅；这条动线无形中也大幅缩减了两侧墙面的可使用范围。项目总监衡量全屋的格局与动线，决定将大门从墙左改到墙右，并将屋子的最前段整个改为玄关。由于沙发与大门位于同一直线，用喷砂玻璃隔间做造型屏风，入门有个端景，又能维持屋内的隐私并保有宽敞感。

| 老屋装修 小知识 🔧 | **Q：为何有些大楼的房子可以改大门，有些就不行？** |
|---|---|

　　**A**：这得看屋子的条件。首先，新大楼的管理较严格，通常不能变更大门的方位与材质。此外还要得考虑屋子内外的空间条件，比如，梯厅的形状等。此案是旧大楼，再加上梯厅与玄关之间的墙面够宽，故能容许大门移位。

**用开敞感与简洁造型来化解低矮与阴暗**

　　这栋大楼的屋高大约只有 2.6 米，且到处可见横梁；最低处，梁下高度只有 210 厘米。这不仅很难做天花，也不易隐藏起空调等设备。尤其客厅是最讲究大气的地方，但天花低且有多支矮梁，设计师干脆顺着梁位，在两侧打造大小不对称的间照天花，进而修饰大梁。选个轻薄的布灯当主灯，顶端的错综复杂顿时化为简洁、和谐。设计师进一步引领视线延伸更后方的和室与餐厅。屋子中段享有单侧采光；这个开放式的大空间将泛光间接引进客厅，提升了亮度，也减轻低矮的压迫感。

**老屋装修**
**小知识**

**Q：旧屋翻新是否要重新检视各处的防水？**

**A：**最好能。如果是在受风面且漏水严重的墙面，那就需要重做防水。要不要做防水？还得评估整栋建筑物的状况。像此案虽然室内状况还维持得不错，但考虑到大楼坐向，再加上房子已 30 年了，水泥多少有些老化，怕拆窗后再装上新框会有漏缝，因此，我们评估它需要做防水。

## 破除迂回，化迷宫为舒畅、通透的好宅

原先的格局仿如迷宫。除了玄关引起的转折动线，屋子的中后段更出现了不断转弯的迷魂阵。走过客厅之后的动线在约 13.2 平方米的开放区分为两条。右转可走入一个超大的套房；若走廊道，可先左转到厨房，然后右转到后阳台，阳台还有个转折……迂回的动线是由屋子中央的两间卫浴，以及跟环绕这两处的大小房间所组成的。为了将采光面尽量留给生活空间，游设计师先移走这两间卫浴，接着再简化动线。两条动线在餐厅也一分为二，但走道都很简洁，高效地串联各区，且走道尽头都可见光，室内从此没死角也减少了暗房的数量。

Before 平面图　　　　　　　　　　After 平面图

# 之前之后对照一览

**Before**

**After**

**玄关
鞋柜**

造型过时的传统鞋柜虽做满整墙，却只能收纳鞋子。**改为走入式鞋区**，还可放入一些常用的大型物品；门片一关，空间变得清清爽爽。

**客厅**

大门原本开在图左处（玄关里），迂回动线导致客厅只能在图左的墙面摆沙发。**将大门移往墙右**，再用玻璃屏风遮挡客厅的沙发；玄关变大了，客厅的格局也变方正了。

**客厅
电视墙**

原本对着天光的电视柜，看电视会有反光的问题；改设到对面之后。**用木作来统整天花、梁柱与墙壁性。**简洁的主墙兼有收纳及夜间脚灯的机能，白天看电视也不会出现眩光了。

**走道**

先前用一道连拐两次弯的走道来串接房间，隔墙让大部分的室内空间暗无天光。现则**简化动线**，再也没有转折与死角了。图为通往两位儿子卧房的走道。

**Before**

# After

## 和室与餐区

之前的和室位于客厅旁扼守动线出入口；但这间房因无外窗而显得幽闭。靠窗处在拆掉隔墙之后改为开放式和室，与前方的餐厅构成可高度互动的场域。女主人可在多功能和室画画，未来的孙子可在这里学走或游戏，阳光也能天天洒入室内。

## 公用卫浴

原位于房间内的传统三件式卫浴设备，迁到餐厅旁边之后，空间大了快一倍。除了**干湿分离**的设计，还配有充裕的储物柜。并在马桶对墙增设小便斗。

## 大儿子的卧房

这个边间拆掉了旧有装潢才发现外墙呈曲面。现将更衣、储物的机能集中在门口旁的两根大柱之间；墙缘用一道木作来收掉梁柱并修饰窗帘轨道，**弧墙周遭放空**，就能发挥采光佳的先天优势。

# 重点施工流程

## ❶ [ 门窗工程 ]

此案位于闹市区的大楼高层，拆窗工程必须特别重视公共安全的保护措施。虽是从室内来拆除，但为避免拆除时构件会掉落而伤及路人，因此得在屋外做些保护。有些人会在外墙架设防护网以防窗子掉落。这例案子因为窗户玻璃全可以拆卸，只有窗框才较需要担心掉落的问题；所以就没有在窗外加设防护网，而是施工时在人行道用三角锥围出危险范围，并派人看管。

**Step1**

高楼层拆换窗户要做好防护措施。楼上拆窗处加设帆布以防雨水溅入室内。一楼的人行道用三角椎拉起防护布条，以免窗户构件不慎落下时会误伤路人。

**Step3**

在装上新窗之前，泥作师傅先填满窗框内部，以免框内缝隙影响到窗户的气密效果。

**Step2**

拆窗会导致墙洞与周遭的水泥墙变得不平整，必须重整。为彻底防雨水渗漏，窗洞周遭要层层地涂上防水剂。

**Step4**

窗户周遭的墙面重新粉光。

**Step5**

完工后，沿着开窗面做简约的木作来修饰墙角的柱子与窗帘轨道。

---

**老屋装修 小知识**

**Q：换窗时，为何泥作师傅要如此琢磨窗洞？**

**A：**第一、窗台若有贴瓷砖，在安装新框之前得剔除原有的瓷砖铺面，让新的窗框直接接合水泥墙体；倘若窗框只接在表层的瓷砖，雨水很容易顺着瓷砖缝流进来。第二、若要改装气密窗，窗框里面要灌实。气密窗之所以会漏水，漏洞其实都出现在铝框里。所以，铝框里面要灌满水泥；这样子，气密窗的隔音、防水效果才不会打折扣。

# ❷ [ 水电工程 ]

屋龄已满 30 年，全室的水电管线必须重新配置。电路的部分，不管是电线、开关面板还是配电箱，全都要更新。30 年前的配电盘势必无法适应现今的用电需求，除要选用承载量更大也更安全的新型电表箱，还要从大楼的电表箱出来的地方就开始重配线路，如此才不用担心日后会出问题。进排水的部分，热水管建议使用保温的不锈钢管，厕所马桶的粪管则要特别注意泄水坡度，并且避免将厕所移到楼下住家的卧房上方，否则容易遭到抗议。

**Step1**

全屋地板拆除面材时，必须凿到原始建筑结构的水泥表层。

**Step4**

配完电线之后，再进行冷气的配管。

**Step3**

管线半埋在地板，可减少外凸高度并加强固定。

**Step2**

在地面"打管"。

**Step5**

埋在地板的水电管线，冷水用 PVC 管、热水用保温不锈钢管；走地面的电线则包在硬管里。

老屋装修
小知识

**Q：什么是"打管"？**
**A：**也有人称为"凿管"。在配管之前，先顺着走管的路径来敲除水泥地板的粉层，把地面打低点再配管，可减少管线凸起的高度。若直接在地板的表面拉管线，尤其是口径较大的粪管，管线若露出很多，会让地板垫得很高，也间接压缩了屋高。

**Step6**

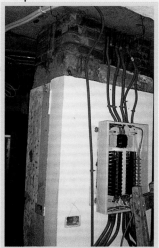

完成配线之后，电表箱的线路看起来排列整齐。

# ❸ [ 重拉排烟管 ]

厨房原位于屋子的后半段，以一道窄门连结后阳台，直接将排油烟机的排烟管拉出去。厨房改设到餐厅、客厅的旁边之后，因为离后阳台很远且当中夹了两个卫浴间、一间主卧附属的工作区，排烟管只能另觅新途。客厅沙发背墙有排窗户通往天井，成为排烟的新出路。管线穿过砖墙预留的孔洞、经过客厅的墙角，再伸至窗外。在客厅这一小段管线利用木作，将之包在红酒柜的上半部，顺利遮住不雅的管线。

**Step1**

以前的厨房排烟管直接拉到后阳台的开窗处。

**Step2**

新的厨房隔间砖墙预留风管的孔洞，并先插入管线。

**Step3**

客厅对面小天井的窗户已装好，排烟管也先拉到预定的位置。

**Step6**

从客厅望向厨房。令人难以想象，红酒柜与灰色的活动背板里面暗藏了一条粗大的排烟管通往天井。

**Step4**

厨房里，各项管线已经定位，砖面也辅设妥贴，只等流理台、排油烟机等设备到场组装。

**Step5**

厨房里，排油烟机就设在客厅红酒柜的后方。

**房屋基本资料**

- 82.6 平方米
- 公寓
- 3 人
- 2 房 2 厅 2 卫
- 30 年屋龄
- 主要建材：铁件、喷漆、超耐磨地板、钢刷木皮
- 森境 & 王俊宏室内装修·王俊宏、陈睿达等

## The Children's Wonderland

# 打开尘封 30 年的墙，变身日光寓所

为了想要跟父母住近一点，一方面可以彼此就近照顾，老人家也可以含饴弄孙，另一方面屋主从小在这里长大，对生活环境也十分熟悉，因此选择在附近找房子。正好爸妈家楼上有人在出售，便买了下来，却发现老房子问题很多，如狭小昏暗，且机能十分不便，于是找来专业的室内设计师协助处理。

### 老屋状况说明：

最大的问题在于每个空间都十分昏暗，可惜了它所拥有的三面采光优势，却没有办法使光线进入客厅，但每间房间并未因有窗而明亮，反而一样昏暗，也突显其格局不良的问题。另外就是虽然拥有前后大阳台，但室内空间在使用上仍明显不足。管路老旧，且顶楼还有漏水、壁癌等问题亟待解决。

## 老屋问题总体检：

壁癌严重

主卧杂乱且出入
阳台动线不佳

[卫浴]

[厨房]

[卧室]

[主卧]

[卧室]

[餐厅]

[客厅]

房间采光不佳

厨房餐厅动线不
连贯，使用不便

客厅昏暗

## 最困扰屋主的老屋问题：

| 采光不佳 | ●●●●● | 虽然拥有三个采光，但是自然光源无法进入公共空间，而且每间房间虽有窗，但也很昏暗 |
|---|---|---|
| 动线不佳 | ●●●○○ | 厨房端菜至餐厅要拐弯，十分不方便 |
| 厕所不够且壁癌严重 | ●●●●○ | 只有一间厕所，待未来人口增加时会不够使用，同时有壁癌及漏水问题待解决 |
| 空间不够用 | ●●○○○ | 想要书房，但空间不够用 |

**屋主想要改善的项目**

1 想拥有明亮的客厅。

2 室内空间太小，挤不出一间书房。

3 收纳空间多一点。

4 水电管路更换及漏水处理。

## 沟通与协调　Communication and coordination

 **沟通协调后的设计师建议**

*1* 由于采光不佳，因此建议将采光最好的主卧隔间墙拿掉，**将三房改成二房**，并将主卧改为客厅，将公共空间变宽敞且明亮。

*2* 将现有门窗拆除更换，并将原本的女儿墙往下拆15厘米，**加大窗景**，使自然采光能大面积进入室内。

*3* 将原本的厨房与卫浴跟儿童房对调，**将私密空间集中在同一侧**，并利用拉门设计串连餐厅及厨房的进出动线。

*4* 把原本大门及客厅之间的**畸零空间规划成一间储藏室**，摆放家电及屋主的高尔夫球具，圆弧收边，营造空间的圆滑流线感，同时也顾及到动线安全。

*5* 利用梁下空间规划**隔间兼收纳柜体**，增加收纳空间。并善用畸零空间为主卧规划半套卫浴。

*6* **将餐桌与事务桌的结合，**以灯管铁件区隔，为屋主规划一处可办公的虚拟书房，并将电器柜与事务机上下结合在一起，满足机能。

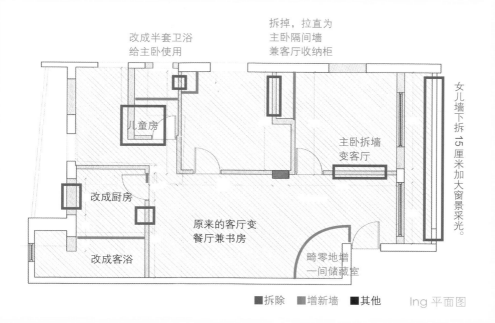

改成半套卫浴
给主卧使用

拆掉，拉直为
主卧隔间墙
兼客厅收纳柜

儿童房

主卧拆墙
变客厅

女儿墙下拆15厘米加大窗景采光。

改成厨房

原来的客厅变
餐厅兼书房

改成客浴

畸零地增
一间储藏室

■拆除　■增新墙　■其他　Ing 平面图

# After and results
## 改造成果分享

### 加大窗框及去除隔间，让光流进室内每一个角落

　　明亮、宽敞，是屋主的唯一要求。因此在审视整体空间后，建议摒弃一间房，改为客厅。于是，设计师刻意加大窗框，以及通透电视墙兼玄关屏风柜，让自然光源从前后及旁边穿透而进，使空间即使不开灯也显得明亮，同时，也能化解一进门即见客厅的视觉尴尬。

　　而被释放出来的餐厨空间，则使用透明的活动式拉门作为区隔，不仅可以阻隔油烟四溢于家中，具有穿透性的材质也让视野更加开阔。

## 餐桌与事务桌结合，虚拟书房跃然而出

但顾及屋主的事务空间要求，在有限空间难以再规划一间书房出来，于是透过餐桌与工作事务桌串连，让计算机屏幕背向行进动线，而人面向公共区域，可以掌握空间中的人、事、物，并兼顾处理事务的隐私性，并在其背后又规划事务打印机与咖啡机的电器柜结合，让功能完备，使这个开放角落形成屋主理想的虚拟书房。

大气质感的大理石餐桌与稻香色主墙，共同交织出简约实用的独特风格；而从客厅延伸出来的连续木纹，除了带出流动顺畅的动线外，更是一面具机能性的收纳墙，展示着屋主收藏的艺术品，当然在另一侧则是私密空间的隔间墙。尤其是圆弧转角收边，更突显出设计者的贴心，将屋主一家人行动游玩的安全性一并考虑。

而私密的起居空间，以舒适、舒眠的疗愈氛围做规划，而波浪造型天花，既完美地遮蔽了压梁问题，同时也为空间带来活泼的视觉效果。

## 收纳机能与美感兼顾，秾纤合度展现再生风华

　　整体而言，在有限空间里，透过格局重新规划、流畅动线安排、配色及材质搭配，将比例原则完美呈现，一点也不浪费面积，并通过活动式家具、软件饰品及文艺摆设，让家传递温和的疗愈力及变化。

　　于是，一种随着日光蔓延的静谧、一种脱离尘嚣的纯粹美感，让这间老屋翻新后的空间再生风华。

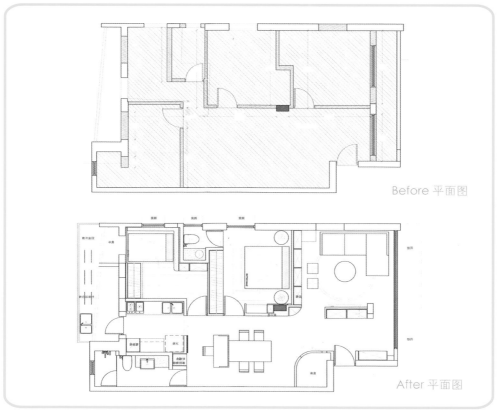

Before 平面图

After 平面图

# 之前之后对照一览

**Before**

**After**

玄关

传统玄关一进门即是公共空间，但因隔间关系，整个空间显得太过阴暗。透过设计师打开一间房的隔间墙，改为**虚拟的电视柜体兼屏风**，避开玄关的视觉尴尬，同时也带来明亮感。

客厅

原有空间为拥有两面采光的主卧，却遮蔽整体空间的光线，因此**将主卧墙拆除**，并将女儿墙往下拆15厘米，将窗拉大使光线得以进入室内空间的每一个角落。

电视墙

隔间墙让光源无法进入室内空间。因此**将墙拆掉**，并透过玄关柜屏风兼电视墙的设计，让光影及动线可以在此流动，兼具机能。

餐厅

以往餐厅被客厅挤压狭小，且光线不佳，连吃饭都无法好好坐在餐桌上吃。但新空间**通过合理分配**将餐桌及屋主的事务桌结合，让吃饭也变成了一种享受。

主卧

在经由设计师巧思规划及空间分配后，将原本阴暗的房间变成明亮的主卧空间，并利用**弧形天花设计**将梁柱修饰掉，而且还多出半套卫浴空间。

走道

原本堆满杂物的走道，在调整空间分配及动线规划后，**把走道的墙都规划成收纳柜体**，空间再也不杂乱。

# 重点施工流程

## [ 浴室防水砌砖工程 ]

卫浴的防水工程很重要，涉及是否会漏水到楼
下或工程质量问题，因此从泥作开始进场时，
每一个步骤都要扎实，才能避免后续问题发生。

**Step1**

全室拆除。

**Step3**

布冷热水管及排水、粪管等。

**Step2**

砌浴室墙面。

**Step4**

电线走上面。

**Step5**

上水泥及防水层。

**Step6**

砌砖。

**Step7**

留瓷砖伸缩缝。

**Step9**

等待灯管及设备安装即可完成。

**Step8**

浴室天花施工。

孩子，我要给你一个更好的生活环境 **173**

# 专为银发族需求设计的机能好宅

## The Aged Warm Place

# 三代同堂乐活家，让神明和佣人都有自己的房间

**房屋基本资料**

- 171.8 平方米
- 电梯公寓
- 5 人
- 3 房 1 厅
- 屋龄 35 年
- 主要建材：抛光石英砖、秋海棠大理石、黑金石、墨檀染白木皮、秋香染白木皮、烤漆玻璃、镜面不锈钢、进口环保木地板
- 宇肯空间设计·苏子期

林先生一家人在数十年前迁入这栋公寓。如今，昔日的青年已迈入银发之龄，当年的孩童也长大成人并另组家庭，家里只剩下夫妻俩与儿子在此奉养八十多岁的老爸。他们虽另有房产，但这间屋子盛载了家庭回忆；即使空间已嫌不足、装潢也显老旧，它仍是无可取代的老家。

## 老屋状况说明：

　　位于巷弄的电梯公寓享有不错的生活机能。然而，房子旧了，人的居住需求也跟着岁月变动，屋主决定来场大改造。设计师在实地勘察时发现这间房子的天花板颇低，梁下仅有205厘米，手一伸就能碰到。此外，先前的装潢大量采用深色木作，使空间看来沉闷又阴暗；用深色来勾勒矮梁的装饰手法更突出了屋高不足的缺点。屋主觉得这间房子不够宽敞，东西也没地方摆。事实上，除了厨房跟卫浴间，屋内到处都设有层架与柜体；只是，整体的空间划分不妥、收纳计划也欠佳，所以无法发挥出应有的空间效果。

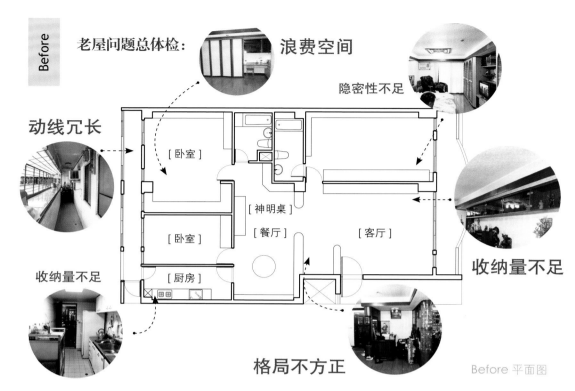

老屋问题总体检：

浪费空间

隐密性不足

动线冗长

[卧室]

[卧室]

[神明桌]

[餐厅]

[客厅]

收纳量不足

收纳量不足

[厨房]

格局不方正

Before 平面图

## 最困扰屋主的老屋问题：

| 问题 | 程度 | 说明 |
| --- | --- | --- |
| 收纳量不足 | ●●●●● | 一字形厨房与两间卫浴的收纳机能不足。买了置物架摆在墙角，既不美观也不好用。客餐厅钉了很多柜子跟层架，却只觉得凌乱。三间卧房都利用最长的墙面来配置落地衣柜，仍不够存放衣物 |
| 房间数不足 | ●●●●● | 原先为标准的三房格局，让照顾老爸的看护人员无处可睡 |
| 窄狭 | ●●●●● | 全屋仅有孝亲房较宽敞，屋内其他各区（客厅、餐厅、厨房或卧房）则很拥挤 |
| 厕所不够用 | ●●●●○ | 为求三个世代的作息互不干扰，故需要三套卫浴。屋主夫妻的主卧为套房，年近九十的老爸也该给他一个能够从容地沐浴、如厕的空间；其他人共享另一套卫浴 |
| 私密性不足 | ●●●○○ | 主卧的房门偏冲大门，另一侧的落地窗则通往跟客厅共享的前阳台 |
| 氛围混乱 | ●●●○○ | 神明桌跟餐厅位在同一区，无论是进出卧房或在客厅哪个角落，都能明显感到神明桌的存在。而且，厕所入口也对着神明桌，感觉不太好 |
| 洗衣空间不佳 | ●●○○○ | 后阳台太狭长，得走到尽头才能抵达洗衣机 |

**屋主想要改善的项目**

1　希望房子看起来能更开阔些。

2　厨房变大也变得更好用。

3　调整格局时，别动到神明桌的位置。

4　除了原有三房，再增加一间佣人房。

5　两间卫浴改为三间；其中两套配给主卧与孝亲房、一套为公用。主卧卫浴
　　要有双水槽。

## 沟通与协调 Communication and coordination

**沟通协调后的设计师建议**

*1* 利用"大三通"的概念，使客餐厅构成一个大型的起居场域；接着，**消除闲置区域以释出可用面积**；最后再利用配色等技巧，让空间尽可能地看起来清爽，这样就能有效地放大空间感。

*2* 封闭式厨房限于两侧墙距不够，只能在单侧配置。既然屋主可接受**开放式厨房**，那么，使它跟餐厅合为一个宽敞的餐厨空间，视野与机能都倍增，还可在厨房外侧再安排一座多功能中岛。

*3* 神明桌的原有位置与坐向是最佳方位，屋主全家多年来也在此住得很平安。但传统中式的神明桌跟现代居家显得格格不入。经过一番讨论，此桌方位不变，但给它一个独立空间。正对着客厅的这道隔间装设活动拉门，就可**随时调整神明厅的封闭性与开放性**。

*4* 将原本散放在狭长后阳台的洗晒设备整合在一间洗衣房里，空间运用与使用动线变得更有效率。在厨房通往洗衣房的动线两侧配置单人床、衣柜与书桌，再于前后设拉门，就成了**佣人的卧房**。

*5* 考虑到管线衔接的问题，调整后的卫浴间仍大致留在原地。仅向孝亲房争取些许面积，再取消其中一个浴缸，就**多出了一间卫浴**，主卧也能摆入双水槽。设计关键就在于消除冗长动线，让各项设备保有适当距离而不会平白地浪费面积。

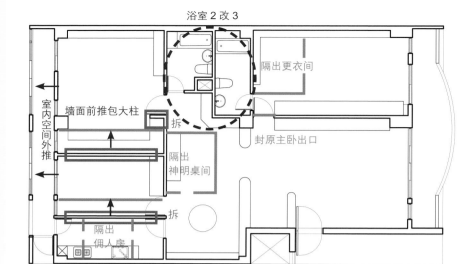

浴室 2 改 3

室内空间外推

墙面前推包大柱

拆

隔出神明桌间

拆

隔出佣人房

隔出更衣间

封原主卧出口

1. 客厅主墙：封住原先的主卧入口、改设隐藏式储物柜，顺势包入左方的大柱

2. 主卧：将落地窗改为半高窗

3. 主卧：增设更衣间

4. 卫浴增为三间

5. 孝亲房：深约 2 米的大凹墙改为一排衣柜（深约 0.6 米），并顺势包入左方的大柱

6. 厨房：流理台往右移，长度扩展约 2 倍；整个厨房改成开放式设计

7. 厨房：加设多功能中岛

8. 后阳台：将洗衣机等设备整合在一间洗衣房里

9. 用拉门隔出一间佣人房

10. 在神明桌的三面增设隔间与活动拉门

■拆除　■新增墙　■其他　　Ing 平面图

# After and results

## 改造成果分享

### 调整格局，动线变顺、空间看来更宽敞

　　这层老公寓的格局安排有多处缺点。首先，半开放式的餐厅跟神明桌安排在同一区；其次，大门旁设个小小的书房，前后两道展示柜墙遮挡了屋子后半段的采光。再次，主卧房门偏冲大门、公用卫浴的入口正对着神明桌；通往各区的动线彼此交错，站在客餐厅可看到周遭的房门，公私界线不明，空间感紊乱。最后，若再深入各区，还可发现：后阳台长达 10 米、孝亲房床尾这侧的通道宽 2.5 米、主卧的卫浴颇大却没处可做收纳……

## 化繁为简，修饰梁柱并化解低矮的缺点

考虑到梁下高度仅有 205 厘米的先天条件，整体视觉呈现以简洁为前提。特别是立面，不仅要避免曝露梁矮、天花低的事实，还要尽可能地制造出"这房子颇高"的视觉错觉。此案在露出的横梁采用"分色"的手法，在原本应该只刷到梁、墙分界的浅灰，往上刷到横梁底端，远看就像灰墙往上长高了数十厘米。而身为这个家最重要的客厅主墙，仅运用两种建材打造出简约的交错造型。并将主墙旁边的柱体也整合到墙体内，长近 8 米的主墙因而变得更加大气。

改造的第一步就是集中主卧跟孝亲房的出入动线，顺势延伸客厅的主墙，并同步加设神明桌周遭的隔间。接着，拆掉早已没功用的小书房，原地改设餐桌；再把厨房朝此区扩展，构成一个大型的餐厨区，并进而串连客厅，成为宽敞又明亮的起居空间。连续调整厨房与儿童房、儿童房与孝亲房的隔墙，让这三区各自获得最佳的空间比例。

### 集中收纳，并把柜体藏在桌下或墙壁里

收纳是屋主非常重视的一环。基于先前经验，他们发现：即使屋内到处钉柜子也不够用。苏子期设计师在各区用最恰当的手法加入收纳空间；当收纳机能极大化之后，居家其实不必做出一堆落地柜来挤压空间与视觉感受。所以，主卧的 6 米大衣柜缩进走道式更衣间，其他两间卧房也利用梁下来设衣柜，不像以前只是把落地柜设在房内最长的那道墙，结果却让长型格局变得更狭长。还有，沿着窗边打造书桌，不仅采光好，且桌板下方又能收纳物品。

专为银发族需求设计的机能好宅　**179**

### 妥善规划，令人惊喜的超值翻修效果

　　客厅主墙用三道隐藏式储物柜来封住原有的主卧入口。这道长墙顺着大门位置，用瓷砖来界定出客厅电视墙的范围。浅灰的凿面仿岩瓷砖是设计师筛选后请屋主自选的材质。贴起来效果很好，男主人非常满意。整道墙的材料花费不多，却能展现出高贵、大方的气势并兼有收纳机能。屋主全家最喜爱的是开放式厨房。白色钢烤的橱柜是上掀式的大型门片，空间宽敞，看来很有百万厨房的架势。同色系的中岛紧临着神明厅跟儿童房，前者的半透明隔间跟后者的房门全都化为背景；在这里吃喝聊天，就像在 PUB 一样，很有气氛。全屋经过改造，不管是机能或美感，全都大幅升级！

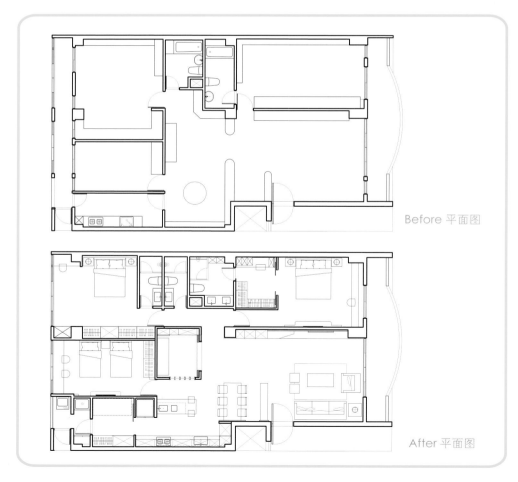

Before 平面图

After 平面图

# 之前之后对照一览

**Before**

# After

### 客厅电视主墙

开放式陈列因展示之物很多，看起来十分杂乱；黑色吊柜与矮梁的深色镶边，将原本就不高的立面切割得更零碎。改造后，**主墙整合了柜体与柱子**而略为变宽，仅运用两种面材的单纯表现则让立面似乎也拉高了。

### 神明桌

从神明桌进化为神明厅。**神明有了"专属房间"**，整个公共区域的空间主导权也能归还给屋主全家。

### 厨房

原有的一字形厨房没余地再做收纳柜，只好买几个置物架摆在墙边。改造后，**流理台的长度扩充近2倍**，再加上中岛底座的储物空间，增加的收纳量可不只2倍！

## 主卧

将原来的衣柜迁往更衣间、改为简约的电视墙，
床尾信道多了半米的宽度。落地窗改成**半高窗**，
窗边又能多了一道阅读书台与台下的收纳空间。

## 主卧的更衣室与卫浴

原本的卫浴间无干湿分离，也欠缺收纳
柜。在其外侧**增设更衣间**，可协助收纳
衣物，也让卫浴间内部能安排得下屋主
所期待的四件设备，同时又避免了厕门
直冲卧床的问题。

# 重点施工流程

## ❶ [ 木作工程 ]

把开放式陈列的神明桌改为独立一间的神明厅，隔间选用半穿透的木隔栅镶嵌玻璃与夹纸玻璃拉门；如此一来，能避免空间被信仰所影响的问题，又不会出现把神明关在房里的尴尬。

**Step1**

靠近餐厨的木隔栅镶嵌玻璃，构成半穿透的造型墙。

**Step2**

另一侧为通往卧房的走道隔间。木作墙批上补土以填平钉孔与缝隙，接着再上漆。

**Step4**

当神明厅不开灯时，木隔栅嵌玻璃的隔间看起来只是此区的背景墙而已。

**Step3**

正面预留四扇拉门的位置。

图右侧，为神明厅正面拉上拉门的外观。这四扇拉门也可推到两侧，让神明照旧能享有宽广的"前庭"。

# ❷ [ 空调工程 ]

一台窗型冷气的冷房面积可达多大？ 15 平方米？ 20 平方米？ 这层老公寓室内约 165 平方米，三间卧房与客厅的外墙都装设了窗型冷气，暂且不考虑冷气机在墙内墙外露出的机身与排水管会如何的妨碍观瞻，光是从制冷效果来看，这几台冷气也很难在较大空间达到良好的制冷效果。趁着翻修，全室改用分离式的空调系统。吊隐式的冷气主机与管线全藏在硅酸钙板天花里面，整个室内感觉干净多了；阳台也只需设一或二台主机，而不是凸出好几台大小不一的窗型冷气机。当然，整套空调系统的制冷效果比散落各处的窗型冷气要强多了！不但可提供足够的冷气给大面积的客餐厅，也能随时只开、关某区的空调，使用更方便。

**Step1**

卧房、客餐厅的外墙都装设窗型冷气机。

**Step2**

将原有的冷气窗孔砌砖，封补之后再施以水泥粉光。

**Step3**

用硅酸钙板天花来隐藏空调的吊隐式主机与管线。

| 老屋装修<br>**小知识** | **Q**：分离式冷气的管线该如何安排，冷房效率才会好？ |

**A**：吊隐式冷气的主机与出风口、回风口，它们的位置都会影响到木作天花的造型，也会影响到出风方式与冷房效率。许多老公寓的屋高较不足，出风方式得依照空间格局来选用下吹或侧吹。此外，室内机距室外机是越近越好。冷媒管若拉很长，也会降低制冷效果。

**Step4**

重要的设备管线接合处在最后才进行封板，并预留维修口。

老屋装修
**小知识**

**Q：** 藏在天花的冷气设备与管线要如何配置才能顾及美观与维修便利？

**A：** 藏在天花里的主机，机体高约30厘米，最好能设在天花板的角落，既不显眼，也可避免整个天花跟着降低而产生压迫感。

还有，室内机的位置除要考虑到跟室外机的距离，也要考虑到排水管线。室内机在运转时会排水。老房子即使有规划冷气孔，也很少会搭配冷气专用的排水管。所以，若要把原有的窗型冷气改为分离式冷气，水电工程就要列入预埋排水管的项目。至于新成屋，虽然都会设有冷气专用的排水管，但若你想重拉管线，也要在设计之初就纳入水电工程。

**Step5**

主卧的空调出风口藏在更衣间上方的天花。

客厅的空调出风口藏在横梁侧边的木作天花。
完工后，看不到窗型冷气机的空间显得清爽许多。

# 简约雅致、清新自然

## 展现北欧家居的内敛与低调

**房屋基本资料**

- 室内面积：165.2平方米
- 住宅形式：电梯大楼
- 住宅格局：3房2厅
- 居住人数：夫妻＋小孩
- 屋　　龄：全新屋
- 主要建材：抛光石英砖、钢刷木皮、壁纸、调色漆、木地板、铁件

## 人们与家的故事

# People with a Home Story

　　用心执业的室内设计师不在少数，对一位用心、负责的设计师来说，客户是朋友也是家人。

　　本案是设计师承接屋主家族的第五件委托案。在此之前，屋主的姐姐及弟弟皆曾先后放心地将规划住宅一事托付给他。因为如此，设计师凭借着专业经验与认真负责的态度，真诚打动了屋主的心，使得本案屋主愿意继续与他合作。

## 屋况说明

　　本案虽然是全新屋，却是投资客置购多年后才抛售的住宅。所幸屋况尚属完整，并无漏水、壁癌等恼人问题。唯一美中不足的，便是专业的设计团队认为初始格局不甚理想：紧邻客厅的书房面积较宽大，压缩了客厅的空间。尤其本案室内面积共165.2平方米，更应该强调大气的氛围。

　　此外，本案虽然多面临窗，采光、通风应属完美，但由于书房本为独立隔间，水泥墙难以透光，又位处住宅中心处，难免影响室内光线及空气的流通，是另一必须改善的重点。

# 施工计划表与说明

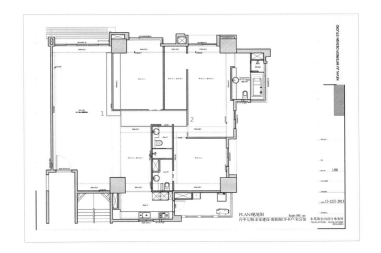

PLAN/现况图
台中七期-宏家建设·爱敦阁3F-B户-宋公馆

**1** 　　建筑商原先规划的书房，整体比例看来略显宽广，压缩了客厅空间，造成视觉上不够大气的问题。设计团队内缩书房隔间，借此增加客厅面积，以达到营造氛围，以及美观加分的效果。

　　此外，位居住宅中央的书房原为独立隔间，其隔间材质难以透光，连带影响屋内空气及采光。因此设计团队敲掉部分书房入口处的墙，并改为半透明的推门，辅以树枝状的造型，不但增加了光线的流线，还让空间更显活泼。

**2** 　　廊道是连接室内动线的重要主轴，尤其本案三间卧室——书房、儿童房及主卧都集中在右半部，意即屋主一家三口很容易在廊道交会，因此略为扩充了走廊的宽度，大幅提升生活的便利性。

# 成果展示与设计风格说明 | Design Style

## 崇尚自然、简洁的现代北欧设计

　　简单、质朴，注重流畅线条的北欧设计，搭以木质建材的细腻质感与柔和色彩，屋主希望能拥有带着浓厚北欧风格的住家，因此本案不难看见各种崇尚自然的象征，例如树枝的门板造型、红砖墙的设计等。甚至连主卧壁面上挂着的时钟，也是取自花朵的意象，同时又希望可以大量援用木质建材，最终打造出带有清雅干净的北欧风格与原木温润气息的构筑空间。

## 丰富色彩运用
### 形塑不一样的空间样貌

　　本案的设计概念以"自然"为主，色彩亦采用大量的大地基调，例如咖啡色、灰色、白色。此外，对颜色拥有独到见解的女主人，在私人空间的用色上，偏向选用跳脱大地色系的色彩，例如儿童房采用苹果绿、主卧选用粉紫色；再辅以设计师的家具规划，每间房都自成一种风格而不显突兀，却都不离"闲适"的初衷，即是生活态度的展现。

## 善用空间
### 生活处处都是收纳

　　本案设计师不只善于空间规划，其丰富的执业经验，让他比屋主更早考虑到收纳的问题。毕竟再怎么漂亮的居家，若无处收纳也是枉然。而本案最精彩的收纳妙笔，即为邻近餐厅、厨房一带的红砖墙面。看似为单纯的装饰面板，实际上是大型柱体与墙面连接的小空间。由于难以挪作他用，便规划为储藏室，方便屋主收纳吸尘器、暖炉、冬被……等大型居家用品。

　　另一种恼人的收纳物品就是衣物，因此细心的设计师在主卧与儿童房，皆规划了大容量的更衣室，让居家随时随地都能保持干净整齐，享受空间带来的闲情逸致。

## 内 容 提 要

本书集结对老屋装修有丰富经验的设计师团队，为读者提供贴心实用的建议与设计范例，不但改得美观还改得舒适。书中对每个案例进行深入分析，包含装修前后对照图和现场施工图解，非常清晰地让读者看到改造前后的变化，从过程中学习、积累经验，在实际装修中可以得心应手。是一本让30年房龄的老房子再舒服地住上30年的实用宝典。

### 图书在版编目（CIP）数据

老屋变新家 / SH 美化家庭编辑部编 . —北京：中国电力出版社，2019.8
ISBN 978-7-5198-3243-8

Ⅰ．①老… Ⅱ．①S… Ⅲ．①住宅－室内装饰设计 Ⅳ．① TU241

中国版本图书馆 CIP 数据核字（2019）第 104916 号

著作权合同登记号　图字：01-2017-5676
原著作名《老屋变新家》
原出版社：风和文创事业有限公司
作者：SH 美化家庭编辑部
本书由风和文创正式授权发行

---

出版发行：中国电力出版社
地　　址：北京市东城区北京站西街 19 号（邮政编码 100005）
网　　址：http://www.cepp.sgcc.com.cn
责任编辑：曹　巍（010-63412609）
责任校对：黄　蓓　闫秀英
责任印制：杨晓东

---

印　　刷：北京博海升彩色印刷有限公司
版　　次：2019 年 8 月第一版
印　　次：2019 年 8 月北京第一次印刷
开　　本：700mm×1000mm　16 开本
印　　张：12.25
字　　数：298 千字
定　　价：68.00 元